集成电路科学与工程丛书

半导体工程导论

［美］杰西·鲁兹洛（Jerzy Ruzyllo）著

黄其煜　陈博　译

机械工业出版社

本书第 1 章概述了半导体区别于其他固体的基本物理特性，这些特性是理解半导体器件工作原理的必要条件。第 2 章回顾了半导体材料，包括无机、化合物、有机半导体材料。同时，第 2 章也介绍了有代表性的绝缘体和导体的材料，它们是构成可以工作的半导体器件和电路所必不可少的组成部分。而这些器件和电路是在第 3 章概述的。第 4 章是关于半导体工艺的基础知识，并且用通俗的语言讨论了半导体制造中使用的方法、设备、工具和介质。在概述了半导体工艺技术之后，第 5 章讨论了主流半导体制造工艺中涉及的各单步工艺。最后，第 6 章简要概述了半导体材料和工艺表征的基本原理。

本书适合半导体工程及相关领域的学生、研究人员和专业人士阅读。

Guide to Semiconductor Engineering

Copyright © 2020 by World Scientific Publishing Co. Pte. Ltd.

All rights reserved.

This Book, or parts there of, may not be reproduced in any means, electronic or mechanical, including photocopying, recording or any information storage and retrieval system now known or to be invented, without written permission from the Publisher. Simplified Chinese translation arranged with World Scientific Publishing Co. Pte. Ltd. , Singapore.

北京市版权局著作权合同登记　图字：01-2020-5608 号。

图书在版编目（CIP）数据

半导体工程导论/（美）杰西·鲁兹洛（Jerzy Ruzyllo）著；黄其煜，陈博译.—北京：机械工业出版社，2022.1（2024.5 重印）
（集成电路科学与工程丛书）
书名原文：Guide to Semiconductor Engineering
ISBN 978-7-111-69428-1

Ⅰ.①半…　Ⅱ.①杰…　②黄…　③陈…　Ⅲ.①半导体　Ⅳ.①O47

中国版本图书馆 CIP 数据核字（2021）第 213105 号

机械工业出版社（北京市百万庄大街 22 号　邮政编码 100037）
策划编辑：刘星宁　　　责任编辑：刘星宁
责任校对：肖　琳　李　婷　封面设计：马精明
责任印制：邓　博
北京盛通数码印刷有限公司印刷
2024 年 5 月第 1 版第 3 次印刷
184mm×240mm·11 印张·251 千字
标准书号：ISBN 978-7-111-69428-1
定价：79.00 元

电话服务　　　　　　　　　　网络服务
客服电话：010-88361066　　　机　工　官　网：www.cmpbook.com
　　　　　010-88379833　　　机　工　官　博：weibo.com/cmp1952
　　　　　010-68326294　　　金　　书　　网：www.golden-book.com
封底无防伪标均为盗版　　　　机工教育服务网：www.cmpedu.com

前　　言

可以说除了最基本的设备以外，其他所有用到电或光工作的仪器和设备功能的实现都有赖于半导体材料构造的元器件。从简单的日常小玩意儿，到如计算机和智能手机之类的信息处理和传输工具，再到医疗设备、外太空和军事仪器、太阳能电池和灯泡，半导体是几乎所有电子和光子设备正常工作的基础。半导体材料和器件对人类技术文明的影响持续增长，因为它们在人工智能、机器学习、物联网、无人驾驶以及最先进的生物医学应用领域中扮演了赋能者的角色。在 21 世纪我们的日常生活中，上述几例半导体技术的应用仅仅是冰山一角。

可见半导体材料、器件及由其构成的电路毫无疑问是过去 60 年来人类科技水平空前提高的关键因素之一，并且它们在可预见的将来会产生更深远的影响。

与半导体科学和工程作为核心技术的重要性相适应，近年来市面上已经出版了数百本相关的教材、专著。主要为了服务于教育目的，这些图书涵盖了一个个主题，深入介绍了半导体和半导体器件的物理知识、半导体器件和集成电路的制造、半导体材料的表征等。此外，这些年来已经出版和将要出版的无数专著致力于深入研究上述每个领域中的关键科学概念。

与一般的教材、专著不同，本书以一种简明的方式介绍了整个半导体工程领域。因为本书的目标读者没有经过正规科班训练，也没有半导体科学和工程学研究经验，所以不可避免地简化了一些复杂概念。本书的目标是将半导体工程学作为一个由电子学、光子学、材料工程学以及材料科学、物理学和化学等多个层面重叠而成的独立的技术和商业个体进行介绍。本书试图通过以一种易于理解的方式讨论和介绍构成半导体工程技术领域的关键要素。

本书不太适用于半导体物理、材料、器件和工艺相关的学科教学。不过，对于理工科的学生来说，只要之前接触过与半导体有关的内容，就会发现本书对于深入了解半导体科学和工程中涉及的大量问题有相当的助益。本书还可用作一些线上课程、社区大学、继续教育、电子学认证项目以及 STEM（科学技术、工程和数学）课程部分内容的参考书。

在学术界之外，任何职位的半导体专业人士，包括半导体行业的工艺工程师、销售和营销人员，都可以使用本书作为半导体工程行业的信息来源。它也可以作为一个有用的参考资料，用于电子和光子学行业的企业培训。此外，对于知识产权专家、半导体行业投资者以及对半导体行业感兴趣的读者都会发现本书是一个方便的资料来源。

基于这些考虑，本书的构思与结构以导论的形式呈现。在撰写本书的过程中，作者并非简单照抄现成的参考文献，而是依靠了其 40 多年的半导体科学与技术方面的研究经验和教学经验，这些经验反映在作者的研究论文和课堂讲义中。作者还在每一章的末尾都提供了一个关键词列表，这些关键词可以用来搜索并访问互联网上的相关资源。此外，在本书末尾列出了一些教材和专著，以便于有兴趣的读者深入学习。

本书第 1 章简要概述了半导体有别于其他固体的基本物理特性，这些特性是理解半导体器件工作原理的必要条件。第 2 章回顾了半导体材料，包括无机、化合物、有机半导体材料。同时，第 2 章也介绍了有代表性的绝缘体和导体的材料，它们是构成可以工作的半导体器件和电路所必不可少的组成部分。而这些器件和电路是在第 3 章概述的。第 4 章是关于半导体工艺的基础知识，并且用通俗的语言讨论了半导体制造中使用的方法、设备、工具和介质。在概述了半导体工艺技术之后，第 5 章讨论了主流半导体制造工艺中涉及的各单步工艺。最后，第 6 章简要概述了半导体材料和工艺表征的基本原理。

最后，作者对于这些年里能有机会和各位老师、同事及研究生们相互交流深感荣幸和表示感谢。在众多的人中，要特别感谢来自波兰华沙技术大学的教师和导师，日本东北大学的 Junichi Nishizawa 教授以及宾夕法尼亚州立大学的导师和同事 Joseph Stach 教授和 Richard Tressler 教授。除此之外，我妻子 Ewa 的耐心、理解和支持使得本书得以顺利出版。

Jerzy Ruzyllo
于宾夕法尼亚州立大学

目 录

第 1 章

半导体特性

章节概述

本章从定性的角度考虑固态半导体的基本性质。讨论的目的不是对半导体物理进行结构化的概述，而是简要地综述半导体材料的特性，这些特性对于理解半导体器件的形成和工作原理至关重要。

本章首先讨论固体的原子结构对其导电性的影响，这是半导体有别于其他固体的基本物理特性。随后讨论了固体的能带结构，并引入了一个称为"禁带"的重要概念，禁带也被称为带隙或能隙。1.2 节将介绍半导体中的载流子，即电子和空穴。1.3 节概述了由电场、磁场、光和温度等外部影响引起的半导体性质变化。在本章末讨论了半导体几何结构的纳米尺度限制对其关键特性的影响。

1.1 固体的导电性

固体的导电性是决定其实际应用范围的一个特征。在本节中，原子级别的特征决定了固体的导电性，同时也是区分所考虑材料是否是半导体的标准。

1.1.1 原子间的价键与导电性

电导率 σ 代表材料的导电能力。电导率由材料的原子结构决定，是电阻率 ρ（$\rho = 1/\sigma$）的倒数。原子是由带正电的原子核和核外带负电的电子组成。而原子核由带正电的质子和电中性的中子组成，它几乎占据了整个原子的质量。带负电的电子数量等于质子的数量，以确保原子的电中性（见图 1.1）。要想让电流 J 流经固体，携带电荷的粒子必须在电场 ε 的作用下开始运动。考虑到电子的质量相对于原子核的质量可以忽略不计，故只有电子在固体中起着电荷载体的作用。

如图 1.1 所示，原子中的原子核外的部分是由特定数量的电子分层形成的。原子中并不是所有电子都能被释放出来并用来导电的。图 1.1a 中内壳层 K 和 L 中的电子以静电方式牢牢附着在原子核上，在正常情况下，这些电子不能与原子核分离，故不能对导电性做出贡献。只有最外层 M 的电子，也就是价电子，在得到超过其与原子核结合的能量时，才能与原子核分离，成为自由电子（见图 1.1b）。

从上述讨论得出的结论是影响固体电导率 σ 的主要因素是数目众多的自由电子，在存

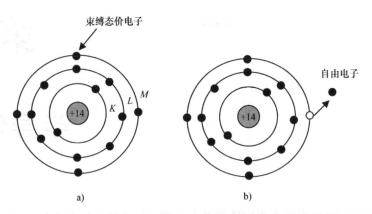

图 1.1   a) 硅原子示意图，硅原子的最外层有 4 个电子；
b) 价电子得到足够能量后克服结合能而成为自由电子

在电场 ε 的情况下，这些电子可以传导电流，电流密度 $J = \sigma E$。

固体中自由电子的可用性和此类电子的浓度（单位体积数目）是决定其导电性的关键因素。良好的导电体，如金属，基本上具有无数可传导电流的自由电子。金属中的电子数量不会减少，因而这些材料的导电性不会降低。在导电性谱的另一端是绝缘体，其特征是原子结构中缺少自由电子。由于基本的材料特性的限制，自由电子不能在正常条件下产生，因此，这种材料只能是绝缘体。

半导体   在导电性方面，介于上述两种极端中间的是一类被称为半导体的固体。在半导体里，自由电子的数量，也就是导电性，可以通过引入少量合适的外来元素在较宽范围内控制和改变。这一特性是半导体有别于其他固体的一个基本特征，使半导体特别适合制造一系列具备不同功能的电子和光子器件。这些器件的诞生促成了自 20 世纪中叶以来人类技术文明的进步。在半导体丰富多彩的实际应用之外，半导体的导电性也有赖于光照、温度、电场和磁场。而作为对比，上述这些因素对金属和绝缘体的导电性影响微乎其微。

任何对材料基本性质的思考都需要从所涉及的原子间键的讨论开始。与气体和液体相比，固态材料在正常的温度和压力条件下具有形状的稳定性。这种形状的稳定性是由于固体内部紧密分布的原子之间的强大静电力（库仑力）产生的价键造成的。价键是当相邻原子处于平衡距离时形成的。这时，原子间相互的排斥力和吸引力达到平衡，也就是作用力为零。

影响固体结合力的键的本质决定了固体的包括导电性在内的基本性质。为了说明这一点，让我们考虑两种不同的键形成机理，从而导致材料具有截然不同的电学特性。键形成机理的差异是由于在各种固体中可用于形成键的价电子数量不同所致。作为一个例子，我们考虑硅和铝，它们分别拥有四个和三个价电子。

共价键   图 1.2a 显示了两个彼此分离的硅原子，用带正电的原子核和与最外层的四个价电子示意性表示。当紧密接触时，原子中的两个价电子将共同形成一个键，每个原子各贡献一个电子（见图 1.2b）。以这种方式产生的键称为共价键。为了形成以共价键结合的晶格，硅原子的所有四个价电子都要用于与四个相邻原子形成键，因而没有自由电子。打破共价键并释放一个电子使其可用于导电需要可测量的能量（见图 1.2c）。因此，具有共价键的材料通常不是电的良导体，因而被称为半导体。

　　电子从共价键中释放出来以后（见图 1.2c）留下了一个"空穴"在后面，该空穴的性质与电子相同但是带正电荷。与电子类似，在存在电场的情况下空穴可以在半导体中运动，因此可以充当携带正电荷的载体。

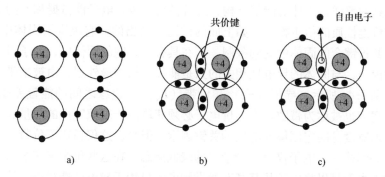

图 1.2　a）孤立的硅原子；b）硅原子聚集在一起并形成共价键；
c）电子从硅原子形成的共价键释放，留下带正电荷并可自由移动的空穴

　　金属键　对于具有三个价电子的铝原子来说情况则不同（见图 1.3a）。当原子接触时，价电子从每个原子上被夺走，形成一个共同的电子海（见图 1.3b）。该电子海作为一个整体与分散在其中的带正电的原子核相互作用，所形成的键称为金属键。由于在这种情况下，电子只要得到很少的能量便能移动，因此具有金属键的材料是非常好的电导体，例如金属。

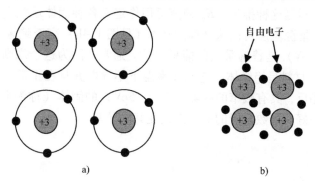

图 1.3　a）孤立的铝原子；b）铝原子聚集在一起并形成金属键

　　离子键　仅有少量单质固体是纯共价键结合的。在许多二元（化合物）固体中，共价键伴有离子键，这些离子键是由构成固体的带相反电荷的离子之间的静电吸引力产生的。离子键的参与通常会进一步增加释放价电子所需的能量，并使得这些固体的电导率更低。在纯离子固体中，不可能进行电子传导，而电流从本质上说都是离子性的，这意味着实际上此类固体都是绝缘体。

1.1.2　能带结构与导电性

根据量子力学的定律，单个原子中电子的能量被限制在分立的层次上。这意味着在原子中遵循泡利不相容原理的电子仅被允许占据某些能级，而不能占据其他能级。在由非常紧密间隔的原子形成固体的周期性晶格中，与单个原子相关的分立能级被扩展成能带，即允许电子存在的能量范围。这些带被禁带，也就是不允许存在电子能级的能隙分隔开。正如我们可以直观地预期到的那样，固体的能带结构，或者换句话说，电子能占据和不能占据的能级分布，是原子间价键性质的衍生物，正如上面的讨论所指出的，它决定了固体中电子的能态。电子的运动在共价键合的固体中受到限制，而在具有金属键的固体中，电子可以自由移动。

在上述讨论中，与固体的导电性相关的只是能带结构的最外层，由被禁带隔开的价带和导带组成，如图 1.4a 所示。导带（E_c）和价带（E_v）的边缘之间的能量差是能隙宽度 E_g 的量度，这一宽度也被称为带隙宽度。价电子必须获取高于能隙宽度的能量才能成为导电电子，因此，能隙宽度是决定固体导电性的关键因素。但是，这仅适用于价带完全被电子填充的固体。在某些固体中，电子仅填充价带内的较低能态。在这些价带未完全被电子填充的固体中，极少的能量就足以将电子从其基态激发到电子可用于导电的能量态。这实际上意味着价带和导带部分重叠（见图 1.4b）从而导致能隙的缺失，也就是说，基本上任何价带中的电子都可以参与导电。这种情况反映了固体中金属键的特征（见图 1.4b），在金属中是很典型的。

现在让我们考虑价带完全充满电子的固体（见图 1.4a）。在此，价电子必须克服能隙才能成为导电电子。否则，在被完全占据的价带中，任何"被束缚"的价电子都不能携带电流。因此，必须将超过 E_g 的能量，即高到足以破坏原子间的价键并释放价电子的能量提供给固体以使其导电。根据这种推理，E_g 的值可用作定义各种固体承载电流能力的量度。根据固体的不同类型，能隙宽度可以从金属的 0eV（见图 1.4b）高至绝缘体的 10eV，在半导体术语中电子伏特（eV）是普遍采用的能量单位。通常，因为这个规则总有例外情况，宽能隙（$E_g > \sim 5eV$）材料是绝缘体，它们在室温下不导电并且在正常条件下不能转化为更具导电性的固体。相反，具有较窄的能隙（$E_g < \sim 5eV$）的固体（称为半导体）在室温下可以导电，并且可以在好几个数量级的范围内改变其电导率。

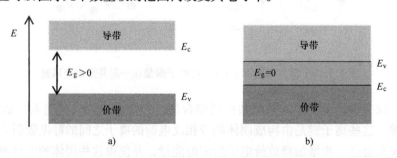

图 1.4　能带示意图：a）半导体和绝缘体；b）金属

半导体的能隙（带隙）　如前所述，能隙（也称为禁带或带隙）的概念以及特性在决定如何使用给定的半导体来制造电子和光子器件方面起着关键作用。能隙宽度 E_g、价带的最高能量和导带的最低能量，它们相互间的排列或偏移，决定了半导体材料的关键特性。

下面考虑与带隙在定义半导体特性中的作用有关的基本概念。

图 1.5a 所示的**能隙宽度 E_g** 是一个在许多方面定义了半导体物理性质的材料参数。E_g 决定了半导体的导电性、对温度的耐受性，以及半导体与电磁波（光）的相互作用，包括半导体结构中的光的产生和光的吸收。考虑到这些特性随带隙 E_g 增加而发生的变化，通常将能隙宽度 $E_g > 2.5\,\mathrm{eV}$ 的半导体称为宽带隙半导体，尽管这么划分有些随意。

费米能级　在考虑电子在固体中可以占用的能级分布时，费米能级是一个重要的参考值。它被定义为电子以 0.5 的概率占据的能级（见图 1.5b）。它在带隙中的位置随着载流子浓度和温度的变化而变化。

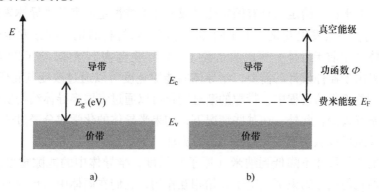

图 1.5　决定半导体用途的材料参数：a）能隙宽度 E_g；b）功函数 Φ

本征半导体　完全没有杂质且无结构缺陷的半导体被称为本征半导体，其费米能级位于带隙的中间。在这种情况下，电荷载流子的浓度被称为本征载流子浓度 n_i。对本征条件的任何偏离将使费米能级从带隙的中间向价带或导带的边缘移动，这取决于对半导体晶格的化学和（或）物理改变的性质和程度。

功函数　把一个电子从费米能级移动到真空能级所需的能量，即原子外部的能级，称为功函数（见图 1.5b）。功函数是一个材料的参数，当两种具有不同化学成分从而具有不同能量状态分布的固体发生物理接触时，它是一个重要的参考值。物理接触的两个固体之间功函数的差异是在接触区形成势垒的原因，它控制着两种接触材料之间的电流（更多相关讨论见第 3 章）。

直接和间接带隙　图 1.5 所示的半导体能带结构的简化表示无法显示出影响价带和导带之间电子跃迁的能带结构特征。为了了解价带最高能量和导带最低能量的相对位置关系，需要将能量状态的分布视为晶体动量（k 矢量）的函数（见图 1.6）。当价带最高能量和导带最低能量出现在同一 k 矢量上时，这种带隙被称为直接带隙（见图 1.6a）。当在 k 矢量空间中价带最高能量与导带最低能量位置不重合时，称为间接带隙（见图 1.6b）。对于确定化学成分的半导体材料来说，带隙直接或间接的性质是确定的，并且不能改变。

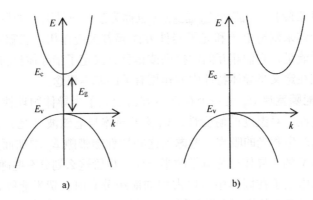

图 1.6   半导体示意图：a）直接带隙；b）间接带隙

带隙工程   对于任何给定的具有固定化学成分并保持恒定温度的半导体来说，能隙宽度 E_g 是预先确定的，不会发生变化。出于同样的原因，当材料的化学成分发生变化时，例如将单元素半导体（单质半导体）变成两元素（二元）化合物半导体，能隙宽度也会发生变化。因此，如果由于器件设计的需要，半导体的能隙宽度可以通过改变其化学成分来调节。在这个被称为带隙工程的过程中，带隙的渐进变化可以通过多层半导体结构实现，其中每一层的化学成分略有改变。此外，在某些情况下，如果半导体的化学成分经过适当的设计，半导体中带隙的性质可以从直接变为间接，反之亦然。

只要材料的几何尺寸不降低到纳米（原子）尺度，半导体中的能隙宽度就与材料体积无关。在极端的几何尺寸约束下，电子开始相互作用，它们在固体中的行为不再遵循经典物理定律。受到纳米约束（nano - confined）的材料几何尺寸的微小变化都会导致其能隙宽度的变化。有关纳米尺度（nanoscaling）对半导体基本特性影响的更多讨论，请参见本章1.4 节。

1.2   载流子

为了实现导电性，固体中必须有能自由移动的电荷载体，即载流子。载流子的浓度（每立方厘米的载流子数）、载流子的产生方式以及载流子在固体中的运动机制在定义半导体材料的导电性方面起着重要作用。

1.2.1   电子与空穴

如前所述（见图 1.2c），半导体中有两种类型的载流子：携带单位负电荷 q（$q = 1.602 \times 10^{-19}$C）的电子和携带单位正电荷的空穴（作为对比，金属中没有空穴作为载流子，只有电子负责承载电流）。如下文将介绍的，我们将电子的浓度 n 超过空穴的浓度 p（$n \gg p$）的半导体称为 n 型半导体。类似地，将空穴的浓度 p 超过电子浓度 n（$p \gg n$）的半导体称为 p 型半导体。

电子和空穴的区别除了所携带电荷符号不同以外，电子的有效质量 m^* 也明显小于空穴的有效质量。这一特性对电子和空穴的载流特性产生了重大影响，从而使后者在载流能力上显著低效。

半导体器件制造技术的核心正是控制半导体的导电类型，即 n 型或 p 型，以及控制载流子浓度 n 和 p 的能力。

n 型和 p 型半导体　对于本征半导体来说，根据定义，电子浓度 n 和空穴浓度 p 相等，$n = p$，乘积 $np = n_i^2$，其中 n_i 表示本征载流子的浓度。然而，从功能半导体器件的角度来看，找出一种能独立控制电子浓度和空穴浓度的方法是必不可少的。换句话说，不同场合下存在着不同的需要，有些场合需要电子浓度远高于空穴浓度（$n \gg p$），即导电性主要由电子驱动的半导体材料；而另一些场合需要的是空穴浓度远高于电子浓度（$p \gg n$）的半导体材料，其导电性是由空穴决定。如同前文里提过的，用普遍接受的术语来说，前者被称为 n 型半导体，而后者称为 p 型半导体。在 n 型半导体中，电子作为多数载流子，空穴作为少数载流子。相应地，在 p 型半导体中，多数载流子是空穴，而电子是少数载流子。注意在平衡态下，不管半导体是 n 型还是 p 型，np 的乘积仍然等于 n_i^2。

通过掺杂来控制导电性　要使任何给定的半导体成为 n 型或 p 型，需要在宿主半导体中加入恰当的外来元素。这个过程称为掺杂，添加的外来元素被称为掺杂剂（有时也用杂质一词）。与先前讨论的为带隙工程而对半导体材料的化学成分进行改变不同，掺杂只需要让宿主材料的化学组成发生微小的改变。事实上，每百万个宿主原子中有一个掺杂原子就足以观察到半导体的导电类型（n 型或 p 型）的显著变化。

掺杂原子的选择基于宿主原子的价电子数。例如，如果宿主原子具有四个价电子（见图 1.7），则需要将具有五个价电子的元素引入晶格中，以引入自由电子并使半导体材料为 n 型。在这种情况下，掺杂原子称为施主，其浓度表示为 N_D。在掺杂过程中，掺杂原子取代晶格中的宿主原子，利用其四个电子与相邻的宿主原子形成共价键，剩余一个自由电子可以作为载流子（见图 1.7a）。在平衡条件下，n 型半导体中的电子浓度 $n = N_D \gg p$，所以电子是多数载流子。

为了让宿主材料是 p 型而不是 n 型，应引入具有三个价电子的掺杂原子。在这种情况下，为了与晶格中的相邻原子形成共价键，掺杂剂原子需要接受现有价键中的电子，留下一个可以自由移动的空穴，从而有助于增强宿主材料的导电性，使它成为 p 型半导体（见图 1.7b）。让半导体成为 p 型的掺杂原子被称为受主，其浓度用 N_A 表示。在平衡条件下，p 型半导体中空穴的浓度为 $p = N_A \gg n$，空穴为多数载流子。n 型和 p 型半导体的导电性不再仅仅取决于其固有特性，因此，掺杂半导体被称为非本征半导体。使施主原子"捐赠"其价电子之一成为带正电荷的离子所需的能量被称为电离能。电离能也可用于指受主原子"得到"一个额外的电子成为带负电荷的离子所需的能量。

1.2.2　产生与复合过程

产生与复合过程控制着半导体中自由载流子数目的多少。产生是半导体中自由载流子形

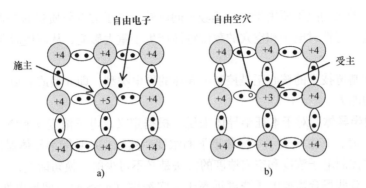

图 1.7　半导体掺杂示意图：a）n 型掺杂（施主）；b）p 型掺杂（受主）

成的过程，自由载流子是由电子从原子外部获取能量（例如热能或光能）而产生的。提供给半导体的能量必须足以克服能隙宽度 E_g，使电子从不能运动的价带跃迁到可以运动的导带，从而提高固体的导电性，并在价带中留下一个空态，称为空穴（见图 1.8a）。因此，带到带（band – to – band）产生过程的结果不仅仅是电子，而是电子 – 空穴对。重申前面的观点，空穴拥有的电荷量与电子相同，但极性相反，就像导带中的电子一样，空穴可以在价带中移动，充当半导体中正电荷的载体。

复合过程与产生过程相反，结果是电子 – 空穴对的湮灭。电子释放出的能量等于能隙宽度 E_g，并从导带跃迁到价带，在价带电子与空穴发生复合（见图 1.8b）。复合产生的能量可以以光的形式释放，也可以以热的形式释放到半导体晶格中，这取决于半导体是直接带隙半导体还是间接带隙半导体（参见 1.3.2 节的讨论）。

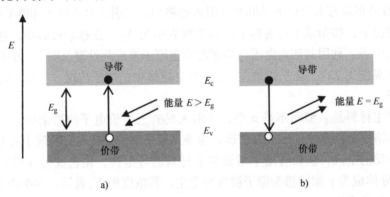

图 1.8　a）电子 – 空穴对的带到带产生；b）电子 – 空穴对的带到带复合

少数载流子寿命　电荷载流子产生和复合之间的时间间隔被称为载流子寿命 τ，电子寿命和空穴寿命分别用 τ_n 和 τ_p 表示。少数载流子寿命与半导体内部复合中心的浓度密切相关，而最常见的复合中心就是半导体晶体中的结构缺陷。因此，少数载流子寿命的测量可以用来表征半导体晶体中此类缺陷的密度（见第 6 章）。在高缺陷晶体中，少数载流子寿命可短至微秒，而在高质量晶体中则可长达毫秒量级。

总体而言，载流子的产生和复合过程在任何半导体器件工作过程的方方面面都起着重要作用。

1.2.3　载流子的运动

电流的传导需要使载流子处于运动状态。在下面的讨论中考虑了影响半导体中载流子输运的因素。

载流子的迁移率　携带电荷并在半导体材料中运动的自由电子和空穴，由于与晶格中的宿主原子、掺杂原子及晶体结构缺陷发生碰撞和静电相互作用，会受到严重的散射。所有这些相互作用都可以归结为半导体中载流子运动的特定变化。定量地说，这些变化集中反映在被称为载流子迁移率 μ [单位 $cm^2/(V \cdot s)$] 的材料参数值的变化上。载流子的迁移率对任何半导体材料的导电性都有很大的影响。因此，它预先决定了材料在特定器件的应用。

由于载流子迁移率对半导体器件的设计和性能有着重要的影响，这一材料参数的某些特点需要加以强调。

首先，由于电子的有效质量低于空穴，电子迁移率 μ_n 通常高于空穴 μ_p 的迁移率。因此，半导体器件设计的通常方法是使移动速度更快的电子而不是较慢的空穴负责器件某些部分的导通。

第二，不同的半导体中电子和空穴的有效质量不同，所以电子和空穴的迁移率在不同的半导体中也是不同的，因而迁移率是材料固有的参数。具有高电子迁移率的半导体通常被称为高电子迁移率材料。

第三，载流子迁移率取决于材料的晶体结构，在结构有序的半导体材料中，载流子迁移率明显高于具有相同化学成分但结构无序的半导体（有关半导体晶体结构的更详细讨论，见第 2 章）。此外，晶体中的结构缺陷导致运动载流子的散射增强，从而降低其迁移率。因此，在晶态半导体近表面受结构扰动的区域运动的载流子，其迁移率比同一材料中结构上未受干扰的体材料低。

第四，在因晶格变形引起的应力而产生应变的晶体材料中，电子的有效质量低于弛豫晶格中的电子，因此电子迁移率更高。

最后，增加掺杂原子浓度会降低迁移率，因为晶格中的掺杂原子对运动载流子的散射增加。此外，迁移率也会随温度的升高而降低，因为温度升高时晶格原子的振动增强，这增加了对于运动载流子的散射。

前面介绍的固体中电流密度的定义公式 $J = \sigma \varepsilon$ 表明电流与固体的电导率 σ 和电场强度 ε 成正比。我们现在知道，对于半导体来说，电导率，即移动基本电荷 q 的能力，取决于 n 型半导体的电子浓度 n 及其迁移率 μ_n （$\sigma = q\mu_n n$），以及 p 型半导体中空穴浓度 p 及其迁移率 μ_p （$\sigma = q\mu_p p$）。

这里需要说明的是，在日常的半导体术语中，电阻率 ρ，即电导率的倒数（$\rho = 1/\sigma$），而不是电导率 σ，更经常被用作定义掺杂与半导体电特性之间相关性的参数。

载流子输运　在正常的半导体材料几何限制和温度的条件下，在半导体中有两种机制可以产生由电子和/或空穴的净流动引起的电流。

首先是漂移（漂移电流），它是由电场 ε 驱动的载流子运动。漂移是一种电流产生机制，不仅在半导体中，在我们日常生活中所用的金属电导体中也是如此。

第二种机制是扩散（扩散电流），它不需要电场，而且是半导体所特有的。在这种机制下，载流子的流动是由浓度梯度驱动的，换句话说，是由于载流子在半导体中的不均匀分布所引起的。在这种情况下，电流流向低浓度区域直到载流子均匀分布。如果载流子不均匀分布的状态保持不变，例如通过向半导体一端持续注入载流子，那么只要引起载流子不均匀分布的因素仍然存在，扩散电流就会持续。

至于是漂移电流还是扩散电流主导任何给定半导体器件的工作，取决于该器件的工作原理及其设计。通常，漂移电流是单极器件工作的基础，而扩散电流可以控制双极器件中的电流流动。本书第 3 章的讨论将更详细地探讨这两类半导体器件。

速度饱和效应   电场作用下半导体中载流子的运动速度（漂移速度）随电场强度的增大而增大，并在某个特定的最大值处达到饱和。饱和现象是由于半导体晶格中高速漂移运动的载流子的过度散射引起的。饱和速度和达到饱和速度的电场会由于不同半导体的原子在晶格中的空间分布不同而不同，所以饱和速度是半导体的材料参数。饱和速度和饱和时的电场强度值是半导体材料在高电场强度条件下工作能力的良好预测指标。

1.3   半导体以及外界的影响

与其他固体相比，当半导体暴露于外加的电场、磁场、光或温度下时，半导体的某些关键物理特性会发生变化。这种对外界条件的敏感性构成了几种重要半导体器件的工作基础。

1.3.1   半导体和电场以及磁场

当半导体中存在电场或磁场时，其导电性会以众所周知且可预测的方式受到影响。

场效应   控制半导体在有限区域的导电性，典型的是在其表面附近，可以通过场效应来实现。场效应是由施加在半导体表面上的电势引起的，这种电势在垂直于表面的方向上引起自由载流子的排斥或吸引（见图 1.9）。通过这种方式，近表面区域的电导率可以被表面电极上所加的电压 V 来控制，如图 1.9 所示。

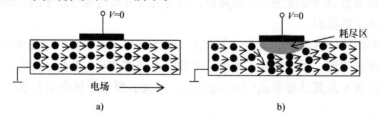

图 1.9   场效应示意图：a）n 型半导体样品中的电子漂移电流；
b）被施加在样品表面的负电势改变

场效应被广泛地应用于半导体器件的工作过程中，这些器件被称为场效应器件，本书的第3章将进行讨论。

霍尔效应 磁场通过与运动中的载流子相互作用来改变半导体的特性。这些相互作用的一个主要表现是霍尔效应，它指的是 z 方向存在磁场的情况下，沿 y 方向流动的电流会在垂直于电流的 x 方向上产生穿过半导体样品的电位差（霍尔电压）。

霍尔效应在半导体传感器（见第3章）和半导体材料表征中得到了应用，例如测量载流子迁移率。

1.3.2 半导体和光

半导体和光的相互作用包括两个关键功能，它们可以由构成功能器件的半导体材料来实现：将吸收的光转换为电流或将电流转换为半导体器件发出的光。

在这两种情况下，定义光与固体相互作用的物理现象（称为反射和折射）都将发挥作用。反射是一个很好理解的概念；而折射现象则是指光在穿过具有不同光学性质的两种介质间的边界时，光的方向发生变化。例如，以一定角度在空气中传播的光束在穿透（而不是反射）固体时，光传播方向会相对于入射方向发生改变。

折射系数 n 是定义固体与光的相互作用的一个重要材料参数。光的反射和折射之间的相互影响决定了半导体和光相互作用的一些关键特性。

光生电流 电磁辐射以光的形式携带的能量是 $E = h\nu$，其中 h 是普朗克常数，ν 是电磁波的频率。将 $h\nu$ 用波长 λ 来表示，光的能量与其波长的关系也可以表示为 E（eV）$= 1.24/\lambda$（μm）。

当携带能量为 E 的光照射到半导体材料上时，如果 $E > E_g$，即当光的能量大于半导体的能隙宽度，光会被半导体吸收；如果 $E < E_g$，光通过半导体而不会被吸收，即半导体是透明的。在前一种情况下，吸收的光携带足够的能量，会引发前面提过的电子和空穴的带到带（band-to-band）产生，并通过光电导效应增加流过半导体的电流。例如，具有能隙宽度 $E_g = 1.1\text{eV}$ 的半导体可以吸收波长 $\lambda = 0.459\mu\text{m}$ 的紫外光，因为紫外光携带的能量 $E = 2.7\text{eV} > 1.1\text{eV}$。另一方面，同一半导体对波长为 $\lambda = 1.77\mu\text{m}$ 的红外光是透明的，因为红外光携带的能量 $E = 0.7\text{eV} < 1.1\text{eV}$。

光电导效应仅发生在半导体中，而不会发生在金属和绝缘体中。它是太阳能电池及其他利用光电转换的半导体器件的基础（更多详细讨论请参见第3章）。

电流转化为光 由于外加电压而流入半导体的电流将导致自由载流子浓度增加，最终将受到本节前面讨论过的复合的影响。任何复合事件，即电子从导带中的较高能级跃迁到价带中的较低能级都伴随着能量释放（见图1.8b）。根据半导体的不同，能量可以①以"包"或电磁辐射量子（称为光子）的形式释放，并形成可见光或不可见光束；或②以晶格振动波能量的"包"或量子形式释放，称为声子。为了实现前者，半导体必须具有直接带隙，在这种情况下，电子和空穴发生带到带复合而没有任何动量转移，释放的能量主要导致光子发射，能量 $E_{\text{photon}} = E_g$（见图1.10a）。在间接间隙半导体的情况下，只有一小部分能量

E_{photon} 以光子的形式被释放，因为发生复合的电子必须要通过一个中间态，并以声子 E_{phonon} 的能量形式将动量传递到晶格（见图 1.10b）。

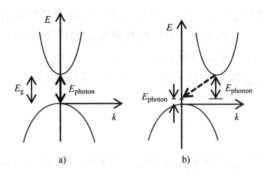

图 1.10 带到带复合过程：a）直接带隙半导体的辐射复合（产生光子，$E_g = E_{photon}$）；
b）间接带隙半导体的非辐射复合（能量主要以声子的形式释放，$E_g = E_{photon} + E_{phonon}$）

直接带隙半导体发射的光的波长取决于它的能隙宽度 E_g。采用合适的半导体，它可以从长波长的红外线（IR）到短波长的紫外线（UV），覆盖整个可见光光谱。直接带隙半导体中通过带到带复合而发射的光的波长 λ 可以由前面介绍的关系式 λ（μm）$= 1.24/E_g$（eV）来计算。

例如，具有能隙宽度 $E_g = 2.7\text{eV}$ 的直接带隙半导体可以发射波长 $\lambda = 0.459\mu m$ 的辐射，对应于可见紫外光；而具有能隙宽度 $E_g = 0.7\text{eV}$ 的直接带隙半导体发射的光波长为 $\lambda = 1.77\mu m$，属于电磁波谱中不可见的红外部分。

1.3.3 半导体和温度

从以上考虑可知，温度在半导体基本上所有的物理特性方面都起着重要作用。图 1.11 所示的电子浓度 n 和电子迁移率 μ_n 作为温度的函数而变化，会导致 n 型半导体的电导率

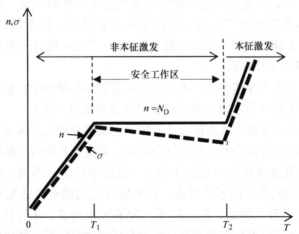

图 1.11 n 型半导体中的电子浓度 n 和电导率 σ 随温度变化的定性示意图

$\sigma = q\mu_n n$ 的变化，这定性地总结了温度的影响。

在绝对零度下，所有电子都停留在价带上，导带中没有自由电子，半导体材料是不导电的。随着温度的升高，掺杂原子电离产生自由电子的过程不断增强，直到所吸收的热能达到了与温度 T_1 相对应的电离能。在这一点（T_1）上，所有的掺杂原子都是电离的，因此不能再提供任何额外的自由电子。在 $T < T_1$ 温度区，电导率 σ 主要由电子浓度 n 的迅速增加所主导，这掩盖了电子迁移率 μ_n 随温度升高而降低的效应。最终在此温度范围内，电导率 σ 跟随电子浓度随温度的变化而变化（见图 1.11）。一旦所有的掺杂原子在温度 T_1 下都发生电离，电子浓度的进一步增加可以忽略不计，直到热能足够在温度 T_2 及以上引发电子–空穴对带到带产生过程（本征激发）（见图 1.8a）。期间（$T_1 < T < T_2$），半导体的电导率随着温度的升高而降低，而电子浓度 n 保持不变。

一旦温度达到能隙宽度 E_g 对应的热能的温度 T_2，电子–空穴对的产生过程就主导了电导率的变化，其结果是电导率迅速增加。当 $T > T_2$ 时，半导体失去了它的非本征特性，表现出本征半导体的特性。

除了定性地演示半导体的导电性随温度的变化外，图 1.11 还可用于定义半导体可以安全工作的温度范围。在温度 T_1 以下的非本征半导体尚未建立起导电类型，因为掺杂剂的电离没有完成，即没有完全表现出 n 型或 p 型。另一方面，温度达到 T_2 以上时，半导体的非本征特性也不能维持，这是因为电子–空穴对的产生迅速增加使得半导体本征化，这意味着原来的 n 型或 p 型导电性不再存在。基于这些考虑，应确保使半导体器件安全工作的温度范围在 T_1 和 T_2 之间。应该指出的是，随着能隙宽度的增加温度 T_2 也增加，因此宽带隙半导体比窄带隙半导体更耐高温。

需要强调的是，半导体温度的升高不仅可能是外部加热的结果，也有可能是某些半导体器件固有的工作特性所导致的。例如，执行复杂计算指令的先进半导体集成电路可能会产生超过温度 T_2 的热量，从而导致电路损坏。在这种情况下，决定其散热能力的半导体的参数热导率开始发挥作用。一般而言，涉及半导体器件的热相互作用是半导体器件工程一个重要组成部分即热管理的核心。

1.4　纳米尺度半导体

与将光和温度降到临界水平以下（见图 1.11）引起的半导体物理性质的短暂变化不同，将半导体材料的尺寸缩小到原子尺度会导致其物理性质发生永久性的变化，将严重影响电荷输运机理以及光的吸收和发射特性。例如，只要材料的几何形状不减小到纳米（原子）尺度，半导体的能隙宽度就与材料的体积无关。但是，在极端几何约束情况下，电子开始相互作用，它们在固体中的行为不再能用经典物理定律来描述。在这种情况下，在几何尺寸上受到纳米约束的材料，它的微小变化会导致能隙宽度的显著改变。

为了给术语"原子尺度"或"纳米尺度"赋予物理意义，让我们联想一个原子的直径，取决于它所包含的电子数量并且随元素的不同而不同，从大约 0.1nm 到 0.5nm，这里 nm

（纳米）是十亿分之一米（$1nm = 10^{-9}m$）。图 1.1 所示硅原子的直径为 0.22nm。作为对比，细菌的平均大小在 1000nm 量级，红细胞大小为 6000~8000nm。生物界中唯一在低纳米尺度的物种是大小在 20nm 左右的病毒。

术语"纳米尺度"将在本书中用于指材料、材料系统或设备部件，这些材料、材料系统或设备部件沿至少三个维度之一（即材料的长度、宽度和厚度）减小到约 10nm 以下。虽然这个数值的假设较为随意，但通过给术语"纳米尺度"指定一个特定的数字，将更容易理解最先进的半导体工程的一些重要方面。

这里的要点是限制在超小（纳米尺度）几何尺寸的固体的基本性质不同于块状的同种固体，或者说其物理性质在所有三个维度上都相同并与样品大小无关。图 1.12a 显示了一个晶态三维（3D）体材料，具有经典物理定律决定的明确物理特性。然而，只要它有一维，比如沿 z 轴减小到接近于零，事实上形成一层厚度仅为几个原子的薄片（见图 1.12b），就足以使其性质发生显著变化。这是因为二维（2D）约束改变了原子中可被电子占据的能级分布，从而改变了晶体基本的物理性质，这些基本物理性质现在需要用量子物理的定律来描述。现在电子在 x 和 y 方向的行为与完全相同的体材料中电子在 x 和 y 方向上原先的行为有很大的不同（见图 1.12a）。正如将在第 2 章和第 3 章中讨论的那样，在半导体器件中，2D 受限的材料系统在许多情况下起着决定性能的作用。

如果继续进行上述同样的操作，沿 y 轴减少 2D 几何尺寸（见图 1.12c），所得到的与图 1.12a、b 所示情况中同种固体的一维（1D）形式将具有进一步改变的物理特性。被称为纳米线和纳米管的纳米材料系统都是 1D 材料系统的例子。

通过将 x 轴减小到接近于零的程度（见图 1.12d），这种通过控制固体的几何尺寸来改变其物理性质的操作可以继续进行下去以得到 0 维（0D）材料。由此产生的结构被称为纳米（nanodot），在许多方面具有不同寻常的物理特性，与同一材料在 3D、2D 或 1D 形式中所表现出来的有很大的不同。例如，在半导体的情况下，纳米点显示出能隙宽度与点的大小的依赖关系，从而可以通过纳米级地改变点的大小来调整材料的基本特性。

用半导体材料形成图 1.12 所示的纳米约束结构的能力总的来说不仅可以采用创新的方法重新设计现有器件，而且为半导体技术的应用开辟了新的领域。本书中的讨论将进一步阐明这一点。

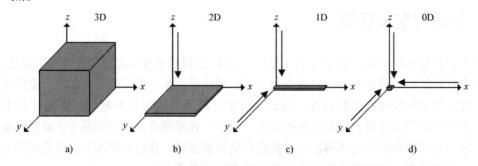

图 1.12　半导体的物理性质随着材料几何尺寸的变化而变化：a）不受几何约束的 3D 材料系统；
b）2D 材料系统；c）1D 材料系统；d）0D 材料系统

关键词

acceptor	受主	indirect bandgap	间接带隙
bandgap	带隙	insulator	绝缘体
bandgap engineering	带隙工程	intrinsic carrier concentration	本征载流子浓度
carrier lifetime	载流子寿命	intrinsic semiconductor	本征半导体
conduction band	导带	ionic bond	离子键
conduction electron	导电电子	ionization energy	电离能
conductivity	电导率	majority carrier	多数载流子
covalent bond	共价键	metallic bond	金属键
diffusion current	扩散电流	metal	金属
direct bandgap	直接带隙	minority carrier	少数载流子
donor	施主	mobility	迁移率
dopant	掺杂剂	n – type semiconductor	n 型半导体
doping	掺杂	p – type semiconductor	p 型半导体
drift current	漂移电流	phonon	声子
drift velocity	漂移速度	photoconductivity	光电导
electrical conductivity	导电性	photon	光子
electron – hole pair	电子 – 空穴对	recombination	复合
electron	电子	recombination center	复合中心
energy gap	能隙	resistivity	电阻率
energy gap width	能隙宽度	saturation velocity	饱和速度
extrinsic semiconductor	非本征半导体	semiconductor	半导体
Fermi level	费米能级	thermal conductivity	热导率
field – effect	场效应	valence band	价带
forbidden energy band	能带	valence electron	价带电子
forbidden gap	禁带	wide – bandgap semiconductor	宽带隙半导体
generation	（载流子）产生		
Hall effect	霍尔效应	work function	功函数
hole	空穴		

第 2 章

半导体材料

章节概述

在上一章概述了这类名为半导体的固体的性质之后，本章目的是介绍用于制造具有各种电子和光子功能的器件的半导体材料。本章的讨论区分了无机半导体和有机半导体，对于无机半导体，分别考虑了显示出半导体特性的元素和化合物材料。

在后续讨论中，除化学成分外，也将考虑其他与材料相关的半导体器件工程。这包括有关块状和薄膜半导体材料的晶体结构的讨论，接着是在其上构建半导体器件的衬底类型的综述。

此外，考虑到在利用了半导体物理特性的功能器件工程中，绝缘体和金属起着至关重要的作用，因此本章的讨论也包含了有关在半导体器件技术中所使用的绝缘体及金属的简要概述。

2.1 固体的晶体结构

对固体晶体结构的讨论涉及组成固体的原子在空间的分布方式。这一问题对于半导体而言至关重要，因为任意给定材料中的原子间相互位置的排布方式是决定半导体导电性的关键因素之一，也由此决定了如何使用该半导体材料构建功能器件的方式。

这方面一个根本的考虑是固体中原子空间分布的有序度和随之产生的晶体取向的几何学本质。这里以两种不同的情形为代表：①具有长程有序性的晶体和②非晶体材料（通常称为无定型材料），相对于晶体而言，非晶体材料中原子排列没有周期性或长程有序性。在晶体之间，又区分了单晶和多晶材料。对于单晶材料而言，其原子排列在整个材料中都保持着周期上的长程有序性（见图 2.1a）；而对于多晶材料而言，这种有序性仅存在于有限体积的晶粒内，然后这些晶粒随机连接形成固体（见图 2.1b）。至于无定型的非晶体材料，它根本就不具有长程有序性（见图 2.1c）。

在半导体工程中，单晶材料起着主导作用，而多晶和非晶体材料则被用于一些特定的应用场合，这些场合需要用到低成本的半导体器件和电路的构建及加工。

2.1.1 晶格

在下文的讨论中，晶格这个词是指晶体中原子的三维周期性排列。任何晶格都是由在整

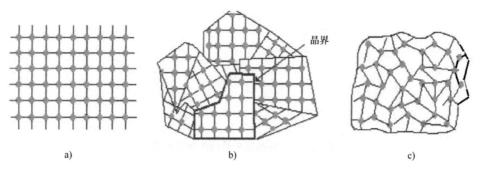

图 2.1　固体晶体结构的二维（2D）示意图：
a）单晶材料；b）多晶材料；c）非晶体材料

个材料中重复出现的元胞组成的。元胞可以以七种基本类型中的一种或者多种形式出现。用于制造半导体器件的几种关键半导体材料，如硅（Si）和砷化镓（GaAs）属于立方晶系，更具体地说，它们代表了同一类面心立方（f. c. c.）晶胞的两种不同变体（见图 2.2a）。由于硅和砷化镓中原子键的性质不同，前者属于面心立方晶胞的金刚石晶格结构，而后者属于闪锌矿晶格结构。除了立方晶系外，一些重要的化合物半导体材料，例如氮化镓（GaN）结晶后呈现图 2.2b 所示的六方晶系纤锌矿晶体结构。

晶胞的物理尺寸由晶格常数定义。对于立方晶体来说，由一个晶格常数 a（见图 2.2a）来确定晶格，如硅的晶格常数 $a = 0.543$ nm，砷化镓的晶格常数 $a = 0.564$ nm。对于六方晶系纤锌矿晶体结构来说，需要使用两个常数 a 和 c 来定义晶胞的物理尺寸（见图 2.2b）。正如在 2.7 节将要讨论的那样，晶格常数是任何给定单晶材料的一个关键特性，它决定了该单晶材料与其他单晶材料的结构相容性。

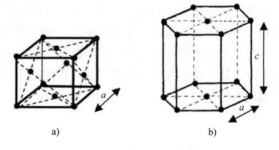

图 2.2　晶胞结构示意图：
a）面心立方晶胞；b）六方晶胞

通过连接单晶材料主晶轴上的点，可以识别出晶体内的不同晶面。决定晶体中特定晶面取向的坐标称为密勒指数。密勒指数由三个或为 1 或为 0 的数字组成，例如（111）或（100），它们定义了平面如何与晶体的主晶轴相交。以立方晶胞为例，图 2.3 展现了密勒指数如何定义这类晶体中的主要晶面。

2.1.2　结构缺陷

考虑到半导体晶体结构的复杂性，假设它们由完美周期排列的三维原胞阵列组成，每个原胞在大体积晶体上具有相同的原子排列，这一假设基本上是不现实的。实际的晶体通常含有被称为缺陷的结构上的不完美。如果半导体晶体中存在高密度的结构缺陷会阻碍其在高性能器件制造中的应用，因为任何对于晶格周期性的偏离都会对材料的电学特性产生不利影

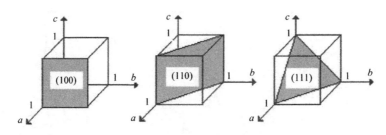

图2.3　立方晶胞中晶面的密勒指数

响，从而影响半导体器件的性能。

　　根据几何特征，半导体晶体中观察到的缺陷可以分为四类：点缺陷、线缺陷、面缺陷和体缺陷。最常见的点缺陷（见图2.4a）是由晶格中缺失的原子形成的空位缺陷，或是由位于间隙的额外原子（间隙缺陷）或被另一种原子替代（替代缺陷）所形成的。线缺陷或者说位错（见图2.4b）可以看作是分布于晶格中大块区域的连续的点缺陷阵列。有两种常见的位错类型，即位错线平行于晶格中应力方向的边缘位错，以及位错线垂直于晶格中应力方向的螺旋位错，图2.4b显示的就是边缘位错。在真实的单晶中，经常观察到边缘位错和螺旋位错的混合。而另一类晶体缺陷是平面缺陷，也被称为面缺陷（见图2.4c）。面缺陷基本上是以晶粒边界或者层错形式出现在晶体中的位错阵列，这类层错是单晶生长过程受到干扰的结果。半导体单晶中可能遇到的最后一种缺陷是体缺陷，它可能是简单地将非晶态相的小体积包裹在单晶结构中（见图2.4d），也可能是空位团簇形成的空洞。

　　用于半导体器件制造的单晶材料加工的主要目标之一是尽量减少晶体结构的缺陷密度。这是因为如果在单晶半导体中存在高密度的结构缺陷，缺陷的不利影响可能会掩盖晶体的本征物理性质。

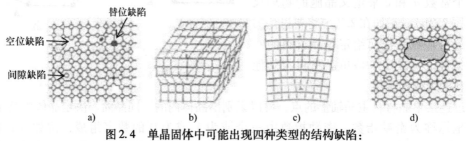

图2.4　单晶固体中可能出现四种类型的结构缺陷：
a）点缺陷；b）线缺陷；c）面缺陷；d）体缺陷

2.2　半导体材料系统的构成元素

　　为了充分利用上一章所讨论的半导体的物理性质，需要创建包含所需晶体结构和化学成分的复杂材料体系。在本节中，我们将认识和讨论组成这些复杂材料系统的元素。具体地说，需要考虑这些半导体材料体系的表面和近表面区域、界面，所有这些都是用于构造功能半导体器件的必不可少的组成部分。

2.2.1　表面与界面

一般来说，表面是指固体的外表面，代表着由样品体内三维分布的原子（见图 2.5a）所展现出来的二维终止的基本特征。对于晶体来说，表面也代表着晶体结构的突变中断（abrupt discontinuity）。此外，表面上的原子是固体原子中唯一暴露在周围环境中的原子，都至少有一个断裂键。表面的这种不饱和键具有电活性，除非被中和，否则这些悬挂键（通常被称为表面态）所携带的电荷将改变半导体亚表面区的电荷分布。因此，表面对固体性质的影响不仅局限在表面的单原子平面，而是会延伸到整个近表面区（见图 2.5a）。在实践中，这层近表面区会受到表面粗糙度和工艺相关物理损伤的严重干扰。此外，对半导体表面化学性质的改变会影响与任何给定表面化学有关的电荷的强度和稳定性，进而影响近表面区电荷的分布。通常的做法是对半导体表面进行处理，这种处理会导致该表面断裂键终止（表面终止），从而使处理后的表面在化学性质上钝化（表面钝化）。然而，首先也是最重要的是，在器件制造过程中，半导体表面必须保持不被任何杂质污染，这些污染可能会改变其物理和化学特性。正因为如此，表面清洁操作是主流半导体器件制造中最常用的处理步骤（见第 5 章关于表面处理的讨论）。

综上所述，很明显，任何固体（包括半导体）近表面区的电子性质都明显不同于体中的相同性质（见图 2.5a）。例如，由于近表面区中的缺陷晶格和带电中心导致电荷载流子散射增加，与体相比，靠近表面的电荷载流子 μ 的迁移率显著降低。根据前面讨论的电导率 σ 对载流子迁移率 μ 的依赖性，结果是半导体样品的近表面区的电导率低于体中的电导率。这种效应对依赖于表面和界面相关现象的半导体器件的工作有重大的不利影响（见第 3 章关于场效应晶体管的讨论）。

任何由两种或多种材料组成的材料系统都具有界面，界面在其中发挥定义整个系统特性的作用。与表面的情况一样，两种材料之间的界面效应扩展到相邻区域（见图 2.5b）。界面本质上是具有有限厚度的过渡区，过渡区在具有不同结构的两种材料之间的结构转变和/或具有不同化学成分的两种材料之间的化学转变发生时是必需的。在任何一种情况下，界面都代表材料系统的电气、光学、机械和热特性的不连续性。从晶体结构的角度来看，界面其实

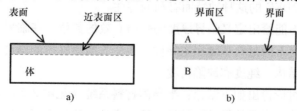

图 2.5　a）单晶半导体中的体、表面和近表面区；
b）两种材料之间的界面及延伸到单原子层以外的界面区

是一种平面缺陷，它严重破坏了材料系统的完整性，从而改变了界面区的特性。正如第3章中的讨论将显示的，界面对半导体器件性能的影响表现出不同的方式，这取决于器件电流是平行于界面流动还是跨过界面流动。

2.2.2　薄膜

正如在1.4节所讨论过的，半导体材料的物理尺寸与其电子性能之间有着很强的相关性。当固体的几何结构从三维体材料逐渐被约束到二维结构时，材料的基本物理特性会发生变化。这些特性首先会根据经典物理定律发生变化，直到在极端的几何约束（见图1.12）下量子现象控制了电子行为，此时电子行为受量子物理学定律的约束。

为了说明上述几何结构的转变，图2.6以半导体的电阻率ρ随材料厚度的变化为例，定性说明半导体性质随其厚度的减小所发生的变化。只要厚度的持续减小不会改变电子在三维方向上的运动，半导体的电阻率就会表现出体特性（bulk characteristic）。然而，当厚度减小到特定值时，处于强二维约束的电子散射增加造成电子流动改变，材料的电阻率开始增加。在这一点上，材料表现出薄膜性质，而不再表现出体特性。

随着薄膜厚度的减小，薄膜的性质继续改变（如图2.6所示电阻率增加）。在特定的厚度下，通常在几个原子的范围内，材料转变为纳米约束状态（见1.4节）。在纳米约束状态下，经典物理定律不再适用，量子现象开始主导材料的物理性质。电阻率ρ对电流没有影响，因为不经过任何散射的弹道输运（scattering – free ballistic transport）控制着二维材料中载流子的运动。只有当电子

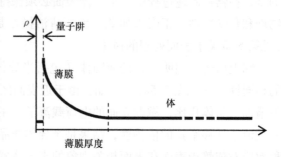

图2.6　半导体电阻率ρ随薄膜厚度变化的简化定性示意图

在第三维度中受到强烈约束时，这种输运现象才有可能在其余两个维度上发生。相应的条件被称为二维电子气（Two – Dimensional Electron Gas，2DEG），它是在被称为量子阱（之所以被称为"阱"，是因为器件2DEG部分的电势低于相邻部分的电势）的二维材料系统中电子行为特征的一种条件。在先进的半导体器件中，当需要提高电子的运动速度以加快器件的工作时，通常都会利用2DEG的这种独特而有利的特性。

需要指出的是，不能给出定义临界厚度的普遍有效的数值。在临界厚度以下，材料表现为薄膜特性。这是因为不同材料从体积主导性质转变为薄膜性质的厚度不同，而且该厚度数值取决于材料的晶体结构、纯度和缺陷密度。

综上所述，本节讨论得出如下结论：半导体材料系统（见图2.5）中，各个元素及其组合的选择，决定了功能性半导体器件的特性。第3章的讨论显示了上述效应和实际半导体器件的工作间的相关性。

2.3　无机半导体

半导体材料可以根据不同标准分为不同的种类。在本章中，半导体根据其化学成分，分为无机半导体和有机半导体。无机半导体又可分为单质半导体和化合物半导体。在这里我们认为无机半导体是在其结构中不包含碳氢（C－H）键的固体。无机半导体材料在半导体材料中占主导地位，多年来人们对其进行了广泛的研究。

在图 2.7a 所示元素周期表中，图 2.7b 中单列出的部分通常被称为"半导体周期表"。所有无机半导体要么是Ⅳ族元素比如硅（Si），要么是使用Ⅳ族元素［Ⅳ－Ⅳ化合物，例如碳化硅（SiC）］、Ⅲ族和Ⅴ族元素［Ⅲ－Ⅴ化合物，例如氮化镓（GaN）］及Ⅱ族和Ⅵ族元素［Ⅱ－Ⅵ化合物，例如硒化镉（CdSe）］，均来源于"半导体周期表"。

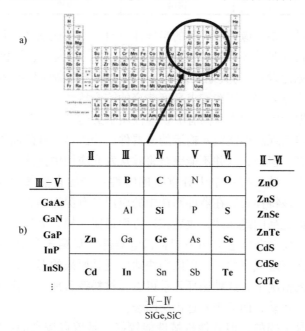

图 2.7　a）元素周期表；b）元素周期表的一部分，因单质半导体和化合物
半导体的构成元素均来自其中而称为"半导体周期表"

2.3.1　单质半导体

构成周期表第Ⅳ族的元素（见图 2.7b）具有四个价电子，包括碳（C）、硅（Si）、锗（Ge）和锡（Sn）。其中锡的能隙 E_g 接近于零，显示出很弱的半导体性质，而且熔点只有223℃。因此，单质锡并不用于制造半导体器件。其余三种单质半导体的主要特性如下所述。

表 2.1 总结了三种单质半导体的一些物理特性。本表及本章中的其他表格所列出的半导

体各项参数，因数字可能不太精确，故仅用于各种材料之间的比较使用。

表 2.1   单晶单质半导体的部分特性（列出的近似值仅供比较）

	硅（Si）	锗（Ge）	碳（C）（金刚石）
能隙宽度 E_g/eV	1.1	0.77	5.45
能隙类型	间接	间接	间接
300K 下的电子迁移率/[$cm^2/(V \cdot s)$]	1500	3900	2200
300K 下的空穴迁移率/[$cm^2/(V \cdot s)$]	450	1900	1600
电子饱和速度/(cm/s)	2.7×10^7	7×10^6	2×10^7
饱和速度对应的场强/(V/cm)	2×10^4	2×10^3	10^5
击穿场强/(MV/cm)	3×10^5	10^5	5×10^6
热导率/[$W/(cm \cdot K)$]	1.4	0.6	22
热膨胀系数/K^{-1}	4.05×10^{-6}	5.8×10^{-6}	0.8×10^{-6}
熔点/℃	1414	938	升华

硅（Si）   硅是最重要、应用最广泛的半导体材料。由于成熟乃至新兴的器件技术的需求，硅的使用持续增长（见第 3 章）。硅之所以如此特别，是因为它的含量丰富（硅是仅次于氧的地壳中第二常见元素），与其他关键半导体相比其获得高质量晶体的成本较低，以及硅与大规模商业化的半导体器件制造需求高度兼容的综合特性。

如表 2.1 中的数据所示，硅本身固有的物理性质未必是它的强项。与锗和碳相比，硅的空穴迁移率较低，使得实现高性能空穴输运的硅器件比较困难。硅的间接带隙使得其在传统的发光应用中效率不高，但是，这并不能完全将硅从发光应用中排除。

从积极的一面来看，硅具有一个十分重要的特性：硅的自然氧化物二氧化硅（SiO_2）是一种优秀的绝缘体，该特性对硅在器件制造中的应用具有深远的影响。没有其他半导体材料的自然氧化物具有如此高的绝缘性，故硅在这方面独树一帜。另外，硅具有优良的机械性能，特别是弹性性能，使硅非常适合用来制备机电器件（见第 3 章对 MEMS 器件的讨论）。优良的弹性意味着硅在变形或弯曲后，可以很快地恢复其原来的形状，而能量消耗可以忽略不计。在采用硅材料的情况下，这种循环几乎可以无材料疲劳地无休止重复。这种特性使得硅可以用于高度重复的运动，而近乎永远不会断裂。

硅晶体在室温下是易碎的，但其他机械性能较好，是熔点较高的材料（见表2.1），可应对半导体器件制造过程中的各种挑战，包括高温环境和大量机械手操作。硅的另一个重要的特征是可以很容易地获得任何晶体学形态，包括单晶、多晶和非晶态相。就晶体的质量和尺寸而言，根据应用的需要呈圆形或长方形薄片的单晶硅是其他半导体所无法比拟的。与任何其他半导体形成对比的是单晶硅可以被加工成直径大到 450mm 甚至更大的晶圆。此外，太阳能电池应用中广泛应用的多晶硅大矩形薄片也可以在市场上购买到。非晶硅薄膜的制造技术在应用上也很常见，这种技术已经非常成熟。

是否存在可以使半导体成为 n 型或 p 型（见1.2.1 节）的掺杂剂是定义其在功能半导体器件制造中有用性的一个基本性质。对硅来说，Ⅲ族硼（B）是有效的 p 型掺杂剂（受主杂质），而可以根据工艺制程的需要选择来自 V 族［如磷（P）、砷（As）和锑（Sb）］的元素用作 n 型掺杂剂（施主杂质）。

此外，硅良好的导热性和优越的高电场特性（见表 2.1 中的饱和速度）有助于硅成为多用途半导体材料。正是硅的这些无形的特性，比如可制造性和低成本，使得硅占据了半导体器件工程中的主导地位。

总而言之，上述硅的重要特性使其成为最重要而且应用最广泛的半导体材料。考虑到半导体技术的发展和扩张方向，硅的领先地位在可预见的将来不会被取代。

锗（Ge）　在硅取代成为一种占领导地位的半导体材料前，锗是早期器件应用的首选半导体。事实上，1947 年制造的第一个可工作的晶体管就是采用锗作为半导体的。与硅相比，锗的主要不足在于其自然氧化物二氧化锗（GeO_2）不稳定，在正常条件下（包括遇水）会分解。

锗本身的耐化学腐蚀性和机械稳定性也不如硅。此外与硅相比，获得高质量单晶锗的成本更高也是限制锗在商业上广泛应用的因素。然而另一方面，锗比硅具有更高的载流子迁移率，尤其是空穴迁移率（见表 2.1），使得锗在多种特殊器件的应用中具有可行性。在掺杂方面，或者换句话说使锗成为 n 型或 p 型，可以分别使用与硅的情况相同的Ⅲ族和Ⅴ族元素（见前面的讨论）。尽管锗有一些有利的特性，但锗的整体性能上的不足使它在半导体器件制造中相对于硅而言更少被使用。

碳（C）　除了硅和锗，碳是周期表第Ⅳ族（见图 2.7）中在特定结构下显示出明确的半导体特性的第三个元素。在自然界中，碳最经常以石墨的形式出现。石墨是一种具有六边形结构的晶体，其潜在的电子迁移率约为 $3000cm^2/(V \cdot s)$，但极窄的能隙（$E_g < 0.05eV$）使其呈现出导体而不是半导体的电特性。类似地，石墨结构中最重要的单原子厚度组分被称为石墨烯，虽然显示出明显高于石墨的电子迁移率，但由于它没有自然产生的能隙，这限制了它在主流半导体器件工程中的应用（见本节后面的讨论）。

碳的三维单晶形式为金刚石。金刚石晶格属于立方晶系（见图 2.2），与单晶硅中的原子排列方式相同。相对于缺少能隙的石墨烯，金刚石具有非常宽的能隙 $E_g = 5.4eV$（见表 2.1），这使其成为宽禁带半导体的一个重要代表，在制造设计用于高功率和高温的器件方面具有巨大的潜力。此外，如表 2.1 所示，金刚石具有非常好的电荷载流子迁移特性，其空穴迁移率与锗中的空穴迁移率相似，且显著高于硅中的空穴迁移率。不仅如此，金刚石最突出的特点是其高达 $22W/(cm \cdot K)$ 的极高热导率，这个数值在所有半导体中最高。对于那些工作时产生大量热量的器件来说，金刚石优秀的散热特性是非常重要的。

尽管金刚石具有上述几个非常有利的特性，但其在半导体器件制造中却没有得到广泛应用的主要原因与掺杂的难度有关。由于金刚石的基本性质，加工后的金刚石是一种 p 型半导体，由于缺乏能够有效地将其转化为 n 型半导体的掺杂剂，故在实际器件中金刚石的物理特性无法被充分利用。并且，用经济上可行的技术制得金刚石的尺寸及晶体质量与半导体器件的商业批量制造的需求不相适应。尽管仍然存在前述的掺杂问题，正在被不断改进的纳米金刚石晶体薄膜沉积技术可以作为体金刚石（bulk - diamond）技术的一种替代方案。

2.3.2　化合物半导体

除了单质半导体外，也可以使用图 2.7 所示的半导体周期表中 II 族到 VI 族的元素来合成呈现强半导体性质的材料。与自然界中的单质半导体不同，用于制造商用器件的化合物半导体都是人造的，这使得在化合物半导体器件技术中，材料工程的要素显得尤为重要。

根据组成化合物的元素在周期表中的位置，可以将接下来要讨论的不同类型的化合物半导体分组。具体而言，将来自 IV 族的不同元素合成的化合物（IV - IV 族化合物）、来自 III 族和 V 族的元素合成的化合物（III - V 族化合物）以及来自 II 族和 VI 族的元素合成的化合物（II - VI 族化合物）分别分组，并按以上顺序依次讨论。

IV - IV 族化合物　IV - IV 族半导体化合物（见图 2.7）以碳硅化合物［碳化硅（SiC）］和锗硅化合物［硅锗（SiGe）］为代表。正如下面对于这两种化合物的讨论所展示出来的，它们分别以其各自的方式对半导体器件工程做出了有意义的贡献。

碳化硅（SiC），也就是金刚砂，存在 100 多种不同的晶型（呈现类似结构的晶体族），它们在晶体中的长程堆积顺序的细节上各不相同。SiC 分为六方结构和立方结构两大类晶型。在六方结构的情况下，4H - SiC 和 6H - SiC（α - SiC）是两种最常见的晶型，而 3C - SiC（β - SiC）是半导体技术中最常见的立方结构。关于晶型的选择取决于具体的器件应用。

每种 SiC 晶型都有或多或少不同的性质。下面引用的是 4H - SiC 晶型的值，在此处代表所有的 SiC 晶体。首先，SiC 是一种具有间接带隙的宽禁带半导体，能隙宽度 $E_g = 3.2 \mathrm{eV}$。4H - SiC 中电子和空穴的载流子迁移率分别为 $900 \mathrm{cm}^2/(\mathrm{V} \cdot \mathrm{s})$ 和 $100 \mathrm{cm}^2/(\mathrm{V} \cdot \mathrm{s})$。它的热导率为 $3.7 \mathrm{W}/(\mathrm{cm} \cdot \mathrm{K})$，虽然没有金刚石的热导率高（见表 2.1），但高于单质半导体。它具有 $3 \times 10^6 \mathrm{V/cm}$ 的高击穿场强，接近 $10^7 \mathrm{cm/s}$ 的高饱和电子漂移速度。这种特性的结合使得 SiC 器件在高温/大功率应用以及在高电场应力（high electric field stress）下的高速工作具有优越的表现。换言之，SiC 是一种允许器件在高温（甚至高于 500℃）、大电流、高电压以及高电场等特别艰巨的条件下工作的半导体材料。

另一方面，由于 SiC 的间接带隙，SiC 的宽禁带特性不能很好地应用于发光器件中。在掺杂方面，可分别通过掺杂铝和氮来分别实现 p 型和 n 型掺杂及电导率控制。在可见光下，SiC 是无色透明的。

在化合物半导体中，SiC 的显著特点是其在高温氧化过程中能够在表面生长高质量的氧化物。由于在氧化过程中，气相的碳的氧化物逸出 SiC，所以留在 SiC 表面的氧化物就是二氧化硅（SiO_2）。SiC 的这一特性使其适用于第 3 章讨论的基于金属 - 氧化物 - 半导体（MOS）的器件制造。

硅锗（SiGe）是另一种基于硅的 IV - IV 族半导体化合物。与 SiC 不同的是，SiGe 不存在明确晶格，而是表现出混合晶体的性质，即可以通过改变混合晶体中硅和锗原子的比例来改变晶体性质，包括能隙宽度和载流子迁移率。正如预期的，根据硅和锗的性质，在 1∶1 的比例下，SiGe 的能隙宽度比硅窄，比锗宽；电子迁移率比硅高，比锗低。

　　硅、锗原子混合形成 SiGe 的结果是形成的化合物晶格常数发生变化，与硅的晶格常数不同。利用这一特性，SiGe 常用作衬底，通过在其上沉积单晶硅薄膜从而在硅晶格中引入应变。如第 1 章所述，晶格中的应变会增加电子迁移率。因此，SiGe 被用来在硅中引入应变，通过这种手段可以提高特定器件的性能（见第 3 章的讨论）。

　　锗锡（GeSn）虽然不作为基本的半导体材料使用，但是锡与锗形成合金后具有有趣的半导体性质。模拟和实验表明，在锗中加入 3% 的锡形成的锗锡合金 GeSn 是一种具有直接带隙的半导体（作为对比，锗是间接带隙半导体），并且比锗具有更高的空穴迁移率。

　　Ⅲ－Ⅴ族化合物　Ⅲ－Ⅴ族化合物通常可根据形成化合物（见图 2.7）的 V 族元素，分为氮化物、磷化物、砷化物和锑化物。下文按照上述分类进行综述。

　　氮化物。在这类化合物半导体中，氮化镓（GaN）在电子器件和光子器件中都占据着重要地位。GaN 的突出特点是它具有直接带隙和 $E_g = 3.5\,\mathrm{eV}$ 的宽能隙（见表 2.2）。GaN 的这些带隙特性使其特别适合用于发射蓝光波段的短波光。也由于缺乏具有类似特性的单晶半导体，因此，GaN 也成为蓝光和白光发光半导体器件的基石材料。此外，GaN 的宽禁带特性非常适合应用于大功率和高温器件。由于用以制造器件的独立、低成本、大面积的 GaN 单晶衬底材料的缺乏，GaN 技术仍受到一定的阻碍（解决这些问题的方法将在 2.6 节中讨论）。有鉴于这些限制，人们在由蓝宝石、SiC 和硅等其他材料制成的衬底上，利用沉积技术沉积 GaN 薄膜，成功地制备了 GaN 器件。

表 2.2　部分Ⅲ－Ⅴ族直接带隙、单晶化合物半导体的特性（列出的近似值仅供比较）

	氮化镓 （GaN）	磷化铟 （InP）	砷化镓 （GaAs）	氮化锑 （GaSb）
能隙宽度 E_g/eV	3.5	1.35	1.43	0.72
300K 下的电子迁移率/[cm²/(V·s)]	1000	5400	8500	3000
300K 下的空穴迁移率/[cm²/(V·s)]	350	200	400	1000
电子饱和速度/(cm/s)	2×10^7	7×10^6	2×10^7	8×10^6
击穿场强/(V/cm)	5×10^6	5×10^5	4×10^5	4×10^4
热导率/[(W/(cm·K)]	1.3	0.68	0.55	0.32
晶格类型	六方	立方	立方	立方
晶格常数/nm	0.316/0.512	0.587	0.565	0.609

　　在其他Ⅲ－Ⅴ族氮化物中，氮化硼（BN）和氮化铝（AlN）因其具有最宽的直接带隙而备受关注（BN，$E_g = 6.4\,\mathrm{eV}$；AlN，$E_g = 6.2\,\mathrm{eV}$）。然而，由于它们的电子迁移率都比较低 [BN，$\mu = 200\,\mathrm{cm^2/(V \cdot s)}$；AlN，$\mu = 300\,\mathrm{cm^2/(V \cdot s)}$]，在商业电子器件应用方面主要局限在紫外探测。而氮化铟（InN），具有相当窄的能隙（$E_g \approx 0.7\,\mathrm{eV}$）和相对较高的电子迁移率 [$\mu = 3200\,\mathrm{cm^2/(V \cdot s)}$]。尽管如此，InN 的最佳应用还是与 GaN 合金化形成 InGaN。

磷化物。Ⅲ－Ⅴ族磷化物中的三种，即磷化硼（BP）、磷化铝（AlP）和磷化镓（GaP），都是间接带隙半导体，能隙宽度分别为 $E_g = 2.1eV$、$E_g = 2.5eV$ 和 $E_g = 2.26eV$，电子迁移率分别为 $500cm^2/(V \cdot s)$、$80cm^2/(V \cdot s)$ 和 $110cm^2/(V \cdot s)$。AlP 具有高毒性的缺点；GaP 的优点是在添加少量铝的情况下，GaP 可以由间接带隙转变为直接带隙。有别于上述三种Ⅲ－Ⅴ族磷化物，磷化铟（InP）具有直接带隙（$E_g = 1.35eV$），并且具有明显高于其他磷化物的电子迁移率 $[4500cm^2/(V \cdot s)]$（见表2.2）。上述两个特性使得 InP 可以用作制造红外发射器、探测器以及高速电子器件的材料。

砷化物。在Ⅲ－Ⅴ族砷化物中，砷化铝（AlAs）和砷化硼（BAs）及砷化镓（GaAs）和砷化铟（InAs）在关键性能上存在显著差异。前两者的特点是具有相对较宽的间接带隙（AlAs，$E_g = 2.2eV$；BAs，$E_g = 1.5eV$）以及 AlAs 的 $200cm^2/(V \cdot s)$ 的低电子迁移率，使得其主要用作 AlGaAs 等Ⅲ－Ⅴ族三元合金的成分。

相比之下，后两者，即砷化镓（GaAs）和砷化铟（InAs），是半导体器件工程的重要贡献者。尤其是 GaAs，它是开发的最完善的Ⅲ－Ⅴ族半导体化合物，长期以来就被应用于电子和光子半导体器件。它具有直接的、相对较宽（$E_g = 1.43eV$）的能隙，使得其在光子应用中具有特别重要的意义。除了直接带隙外，GaAs 还具有 $8500cm^2/(V \cdot s)$ 的高电子迁移率，这使得它也成为高速电子器件领域的关键材料。GaAs 的带隙可以通过添加铝形成三元化合物（AlGaAs）来有效地控制。GaAs 的缺点是其表面并不能形成高质量的自然氧化物，这阻碍了它在金属－氧化物－半导体（MOS）器件中的应用（见第3章）。剩下的砷化物、InAs，比 GaAs 直接带隙窄（$E_g = 0.36eV$），但电子迁移率 $\mu = 22600cm^2/(V \cdot s)$，是商用器件中一种重要的Ⅲ－Ⅴ族半导体化合物。类似于 AlGaAs，InAs 与 GaAs 形成的三元合金（InGaAs）可以广泛应用于电子和光子器件中。

锑化物。与其他三类Ⅲ－Ⅴ族化合物类似，锑化铝（AlSb，$E_g = 1.6eV$）和锑化硼（BSb，$E_g = 0.5eV$）也具有间接带隙和低载流子迁移率。因此，AlSb 和 BSb 都不适合商业器件应用。而其余两种锑化物半导体，锑化镓（GaSb，$E_g = 0.72eV$）和锑化铟（InSb，$E_g = 0.17eV$）都具有直接带隙和较高载流子迁移率。GaSb 不仅有 $5000cm^2/(V \cdot s)$ 的高电子迁移率，还具有相对较高的空穴迁移率 $[850cm^2/(V \cdot s)]$，使得 GaSb 在某些器件应用中得到关注。在所有实际应用的半导体中，锑化铟（InSb）具有最窄的带隙，而同时具有最高的电子迁移率 $[80000cm^2/(V \cdot s)]$。尽管极高的电子迁移率使 InSb 在电子应用中非常有吸引力，但其超窄带隙限制了其在商业电子器件制造中的应用。尽管如此，在各种光子方面的应用中，InSb 超窄的直接带隙仍然引发了人们的兴趣。

在电子和光子应用中，Ⅲ－Ⅴ族化合物组成了一类重要的半导体材料。其中的一些具有直接带隙（见表2.2），并且它们都具有高载流子迁移率或/和宽带隙。

三元、四元Ⅲ－Ⅴ族化合物 到目前为止，本书综述了二元Ⅲ－Ⅴ族化合物，如 GaAs。然而在实践中，二元Ⅲ－Ⅴ族化合物经常被扩展成三元合金。三元合金中包括来自Ⅲ族和Ⅴ族的三种元素。在二元Ⅲ－Ⅴ族化合物中引入额外元素有几个原因。首先是由于器件工程的需求，需要逐渐改变半导体的能隙 E_g（带隙工程）或/和半导体晶格常数 a（见图2.2）。前者改变了化合物半导体可以发射和吸收光的光谱，而后者则定义了有助于在形成完整的材料体系的过程中满足晶格匹配需求的晶格特性。以砷化镓铝（AlGaAs）为例，我们可以看到，通过改变 $Al_xGa_{1-x}As$ 中铝的比例 x，材料从 GaAs（$x=0$）转变到了 AlAs（$x=1$）。在这一过程中，化合物半导体的能隙从 GaAs 的 $E_g = 1.42eV$ 变为 AlAs 的 $E_g = 2.16eV$，但晶格常数几乎不发生变化。

除了能隙宽度的改变外，由于三元化合物化学组成的改变，能隙的类型也可以由直接转变为间接（反之亦然）。例如，直接带隙的 InP 可以通过逐渐改变 $In_xGa_{1-x}P$ 中的比例 x 而转变为间接带隙的 GaP。除了带隙工程和晶格常数工程外，从二元合金到三元合金的化学成分的变化也改变了它的光学性质，其表现为折射率 n 的变化，而 n 是半导体光子器件制造中经常使用的一个特性。

为了更有效地实现上面列出的任何一个工程目标，通常会在三元Ⅲ－Ⅴ族化合物中加入第四种元素。例如，三元化合物 AlGaAs 可以通过改变形成四元化合物 AlGaAsP 来获得所需的带隙特性。

虽然可以通过上述方式，使用Ⅲ族或Ⅴ族元素来改变Ⅲ－Ⅴ族化合物的化学组成以调节材料的特性，但添加来自元素周期表中其他族的元素可能会深刻改变Ⅲ－Ⅴ族化合物的基本特性。例如，原本非磁性的 GaAs 添加锰（Mn）后将获得明显的铁磁特性，磁化率显著提高，并转变为磁性半导体 GaMnAs。这种半导体材料工程在被广泛理解的自旋电子学中得到了应用。

Ⅱ－Ⅵ族化合物 除了由元素周期表的Ⅳ族单质半导体、Ⅲ族和Ⅴ族元素所形成的化合物半导体以外，Ⅱ族和Ⅵ族元素（见图2.7）也可以被合成Ⅱ－Ⅵ族化合物，它们也代表了一类不同的无机半导体。根据化合物所含的Ⅵ族元素（见图2.7）可分为氧化物、硒化物、硫化物和碲化物，在下文中做简要概述。在构成二元Ⅱ－Ⅵ族化合物的Ⅱ族元素中，即锌（Zn）、镉（Cd）和汞（Hg），其中汞不会与半导体器件应用中常用的Ⅵ族元素形成任何二元化合物。因此在下文概述中，汞基二元Ⅱ－Ⅵ族化合物仅被视为三元和四元Ⅱ－Ⅵ族化合物的组成部分。

还应指出的是，根据结晶过程的条件，在Ⅱ－Ⅵ族化合物中，许多种化合物都可以用不止一种晶体结构结晶，例如立方结构或六角结构（见图2.2）。关于Ⅱ－Ⅵ族半导体化合物晶体学特性的问题较为复杂，超出了本书的范围。

氧化物。在Ⅱ－Ⅵ族氧化物半导体中，氧化锌（ZnO）在实际应用中是最重要的。它具有直接带隙、宽能隙（$E_g = 3.3eV$）的特点，这使得它适合用于短波长的蓝光和紫光发射（见第3章）。由于 ZnO 对白光高度透明，因此可以用来制造透明的电子和光子元件。通常相对于其他Ⅱ－Ⅵ族化合物，ZnO 的电子迁移率稍高，故 ZnO 比其他Ⅱ－Ⅵ族化合物更适合电子器件的需要。总体来说，在电子和光子应用中，ZnO 可以被看作是Ⅲ－Ⅴ族 GaN 的Ⅱ－Ⅵ族替代品。而另一种能隙为 $E_g = 2.18eV$ 的Ⅱ－Ⅵ族氧化物半导体氧化镉（CdO）与其他Ⅱ－Ⅵ族半导体相比并没有显示出有什么特别的性质。

硒化物。两种Ⅱ－Ⅵ族硒化物，硒化锌（ZnSe，$E_g = 2.7eV$）和硒化镉（CdSe，$E_g =$

1.75eV）都具有直接带隙的特性。ZnSe 用于蓝光发射和紫外探测。由于其传输波长范围广，它也用于红外（IR）光学。CdSe 在许多光子应用中非常有用。它也可以以零维量子点的形式使用（见 2.3.3 节），通过改变量子点的直径来控制发射光的波长，实现能隙宽度的改变。在标准的三维结构和室温的情况下，CdSe 能隙宽度为 1.75eV。

硫化物。在 II－VI 族硫化物半导体中，硫化锌（ZnS）晶体具有在所有无机半导体中最宽的能隙（$E_g = 3.6\text{eV}$）。由于它具有直接带隙和宽能隙的特性，ZnS 特别适合用于短波长光（蓝光和紫外光）的发射和探测。类似的，硫化镉（CdS，$E_g = 2.42\text{eV}$）同样适用于光探测应用中。此外，它还经常被用作 CdTe/CdS 太阳能电池的组件（见下文碲化物）。

碲化物。这类 II－VI 族半导体化合物以碲化锌（ZnTe）和碲化镉（CdTe）为代表。ZnTe 能隙宽度为 $E_g = 2.2\text{eV}$，并且由于它可用技术手段掺杂及调整晶格常数，因此在实践中是一类重要的 II－VI 族半导体化合物。CdTe（$E_g = 1.5\text{eV}$）用来制造太阳能电池。CdTe 和 CdS 的结合大大扩展了太阳能电池捕获太阳光谱的范围。与 CdSe 类似，CdTe 也可以零维纳米点的形式使用。当 CdTe 的直径减小为几纳米时，随着能隙宽度减小，其发射光谱扩展到更短的波长。

三元和四元 II－VI 族化合物   将各种二元 II－VI 族化合物合金化为三元和四元化合物的原因与之前讨论的三元 III－V 族化合物的情况相同。通过连续混合和匹配不同的二元 II－VI 族合金，可以实现所得到的化合物半导体能隙 E_g 和晶格常数 a 的独立变化。例如，通过将 CdTe 和 ZnTe 合金化为 $Cd_xZn_{(1-x)}Te$，简称为 CZT，并通过改变 x 来改变其成分比例，该三元合金的能隙可以在 $x=1$ 时的 1.5eV 到 $x=0$ 时的 2.2eV 之间变化。CZT 是一种用于超短波辐射探测的晶体。

通过将两种二元化合物 ZnSe 和 CdTe 混合为四元化合物 $Zn_{1-y}Cd_ySe_{1-x}Te_x$，可以在类似范围内对能隙特性进行更加精细的调节，但需要控制合金中的所有四种元素的比例，也因此需要采用更复杂的工艺。

三元 II－VI 族化合物的另一个例子是碲化汞镉（HgCdTe），也称为 MCT，它是一种具有重要技术意义的半导体化合物。MCT 是碲化汞（HgTe，一种无能隙的半金属）和碲化镉（CdTe）半导体（$E_g = 1.5\text{eV}$）的合金。通过控制三元合金中各成分所占比例，其能隙可以根据需要在 0~1.5eV 之间变化。

2.3.3   纳米无机半导体

有许多纳米无机半导体材料在晶体管、柔性和/或透明电子学和光子学、能量收集、生物气体传感器和许多其他类型的器件制造中具有潜在的突破性用途（见第 3 章）。如 1.4 节所述，人们对纳米材料感兴趣的主要原因与纳米尺度下发生的物理现象有关，例如当半导体样品的尺寸减小到原子尺度时观察到的隧穿或弹道传输。纳米尺度的限制也导致半导体能隙的扩大。人们对于半导体器件中这些现象的探究将把半导体工程扩展到以前未被探索的领域。

在前面图 1.12 讨论的基础上，我们下面接着对纳米无机半导体进行简单的回顾。

二维 (2D) 材料　就在半导体器件中的应用而言，本章前面提到了量子阱是最常见的二维结构。量子阱通常是由夹在两个具有更宽能隙的半导体之间的超薄半导体层构成。

在"独立"的二维纳米材料中，人们尤其关注厚度仅为单个碳原子的石墨烯。就晶体结构而言，石墨烯是三维石墨的二维部分。它是一个单原子厚的平面碳片，通过相对较弱的范德华力与相邻的碳片连接形成石墨。实际上，石墨就是一厚摞石墨烯片，每个石墨烯片内部通过共价键结合成平面六角形结构（参见本书 1.1 节），但同时石墨烯片之间的结合相对较弱（见图 2.8a）。石墨烯卷成圆筒状就形成单壁碳纳米管（CNT，见图 2.8b），这是另一种独特的碳纳米结构，本节后面将对此进行讨论。

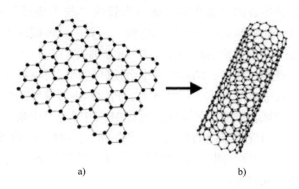

a)　　　　　　　　　　　b)

图 2.8　a) 单原子厚的石墨烯片；b) 卷成单壁碳纳米管（CNT）

石墨烯的一个显著特性就是它的极高的电子迁移率 [在 150 000 ~ 200 000cm^2/(V · s) 之间]，这是它具有优良导电性的原因。有趣的是，基于电导测量的观察表明，石墨烯中电子和空穴的迁移率几乎相同。然而，当石墨烯与其他材料接触时，载流子迁移率显著降低。不幸的是，当石墨烯作为功能器件的有效部分时，与其他材料接触是不可避免的。

在设计某些执行电子功能的半导体器件时，如逻辑集成电路中的晶体管（见第 3 章），石墨烯由于缺乏有效执行开关功能所需的能隙，其使用受到局限。由于缺乏带隙，石墨烯本质上是一种不能完全关闭的导体。因此，它的纯碳形式（即不采用通过改变石墨烯化学组成的方式来产生能隙）无法用于制造逻辑应用的晶体管。不过这一局限并不妨碍石墨烯在其他半导体器件相关应用中所展现出的杰出特性。

在具有数字（开关）功能的半导体器件中，除了石墨烯，还有一些潜在应用范围比石墨烯更广泛的其他二维材料。这些材料与石墨烯不同，它们具有能隙特性。其中就包括了二维二硫化钼等具有明确能隙的二硫属化合物材料。此外，我们还通过实验获得了一种单原子厚度的硅，称为硅烯，并证实了其能带结构中存在能隙。

由六角键合的硅原子组成的硅烯，由于其与硅工艺技术的优良兼容性而具有应用前景。如果能在绝缘衬底上合成，硅烯可以成为半导体电子学发展的一个可行的方案。

除碳（石墨烯）和硅（硅烯）外，半导体周期表（见图 2.7）第Ⅳ族中的其他两个元素，即锗和锡，也可以构成称为锗烯和锡烯（stanine）的二维构型。人们需要更详细地了解这些二维材料的基本特性，以评估它们在特定器件应用中的潜力。

一维（1D）材料 纳米管和纳米线是一维纳米结构的代表。纳米管通常指的是碳纳米管（Carbon NanoTube，CNT），而纳米线通常指发展最成熟的硅纳米线（Silicon NanoWire，SiNW）。

碳纳米管具有独特的电学、力学和热学性能。如图 2.8b 所示，碳纳米管可以看作是一片石墨烯卷成直径仅为几纳米的圆柱体，在适当条件下长度可以超过 10cm。碳纳米管可以是单壁（SWNT）（见图 2.8b）、双壁（DWNT）和多壁（MWNT）的，这取决于一同卷起的石墨烯片的数量。

碳纳米管可以表现出半导体或金属性质，这取决于石墨烯沿不同方向卷成碳纳米管时所生成的不同结构，也就是生成的"锯齿形"碳纳米管或"扶手椅形"碳纳米管结构。由于碳纳米管的电阻率很低，能够承载很高密度的电流，因此，目前碳纳米管在半导体器件工程中的主要应用是将要在下一章讨论的超小尺寸集成电路中的互连技术。

与碳纳米管类似，硅纳米线中，纳米约束也会使硅的物理特性相对于其体性质发生剧烈变化。因此，纳米线形式的硅展现出了新的电学、光学和机械特性，为硅的应用开辟了在体形式的硅中不存在的新领域。硅变成纳米线的过程中，纳米约束带来的最显著的影响是其能隙宽度与线的直径有关。当硅纳米线的直径减小到 2nm 左右时，硅的能隙 E_g 有可能提高到 2eV 以上（体硅的 $E_g = 1.1eV$）。同样重要的影响是带隙类型从体硅的间接带隙变成了直接带隙，使得硅可以用于发光器件。

纳米线，不仅限于硅纳米线，作为一个整体具有一个独特的优点，它的表面体积比非常大，从而让表面特性在定义一维纳米材料的性能方面起着关键作用。对于硅纳米线，其表面的终止/钝化方式（见第 5 章表面处理部分）是控制纳米线基本特性的一个因素。

硅纳米线可以根据需要使用不同的方法制造，这些方法可以被泛泛地归为自上而下或自下而上两大类（见第 5 章）。在过多涉及纳米线形成过程所涉及的机制细节的情况下，大致说来，前者的最终结果是获得在衬底表面上水平放置的纳米线（见图 2.9a），而后者通常会获得垂直于衬底表面的纳米线（见图 2.9b）。虽然同是硅纳米线，但它们的一些特性会随着它们在衬底表面的形成方式和排布方式而改变。简单地说，水平放置的硅纳米线最适合电子（电流流动）器件的需要，而密集堆积、垂直方向的硅纳米线则具有满足特定光子器件需求的特性。

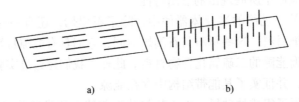

a)   b)

图 2.9 硅纳米线结构示意图：a）水平纳米线；b）垂直纳米线

综上所述，纳米线，特别是硅纳米线在不久的将来肯定会在半导体器件领域，包括晶体管、发光器件和太阳能电池、图像传感器这样的光敏器件，以及生物传感器领域得到各种突破性的应用。建议在阅读第 3 章有关半导体器件的内容时牢记半导体纳米线的基本特性。

零维（0D）材料　零维材料也被称为纳米点或量子点，代表了另一类纳米无机半导体（见图 1.12）。纳米点的直径可以小到几纳米，可以用金属、绝缘体和半导体（包括现成的商业硅纳米点）来合成。就半导体而言，特别令人感兴趣的是纳米晶量子点（Nanocrystalline Quantum Dot，NQD）。它最值得注意的物理性质是能隙宽度（即发射光的波长）可以通过改变量子点的直径来调节。

关于零维材料的这一表现，一个很好例子就是前文介绍的硒化镉（CdSe）。室温下标准三维形式的硒化镉能隙是 $E_g = 1.75eV$，可用于红外辐射的发射和检测。将硒化镉纳米约束至纳米点形态增加了其能隙宽度，从而缩短了其发射光的波长。当把直径缩小到 6.0nm 的时候，硒化镉的能隙增加到 2.0eV，所发射光的波长从三维硒化镉的近红外 700nm 移动到 610nm（红光）。将硒化镉量子点直径进一步减小到 2.0nm 时，能隙增加到 2.75eV，发射光的波长缩短到 450nm（蓝光）。

半导体纳米点的物理特性（特别是能隙）依赖于尺寸的改变而改变。该原理是纳米晶量子点在发光器件和光探测器件中应用的基础。

2.4　材料选择标准

正如前文已经指出的，用以实现特定功能的半导体器件的性能与所使用的半导体材料性质之间有很强的相关性。也就是说，某些半导体材料由于其固有性质的优越性适合于实现某些器件的功能，但却不适合实现另一些功能。例如，具有高电子迁移率但窄能隙的半导体适合应用于高速器件，但不适合工作在大功率/高温的场合。另一方面，具有低电子迁移率的宽带隙半导体非常适合大功率/高温应用，但不适合高速器件应用。另外，直接或间接带隙类型将预先决定了任何给定半导体在发光器件中的可用性。间接带隙半导体的辐射性复合效率低，在光发射器件的应用中一般予不考虑。

表 2.3 列出了本章介绍的半导体材料的物理特性对器件性能的影响。表中左边的一栏为半导体重要的物理特性，右边的一栏则显示了这些特性对半导体器件性能的可能影响。

表 2.3　半导体的部分物理特性及其对器件的影响

物理特性	对器件的影响
能隙宽度 E_g	电子器件——宽能隙（$E_g > 2eV$）具有更好的功率、温度处理能力 光子器件——E_g 定义了器件对光的吸收、发射特性
能隙类型	间接带隙——辐射复合效率低 直接带隙——辐射复合效率高
电子迁移率	决定器件的工作速度
饱和电子速度	决定器件在强内部电场下的工作速度
氧化特性	决定形成高质量天然氧化物的能力
掺杂敏感性	n 型掺杂和 p 型掺杂的可实现性

(续)

物理特性	对器件的影响
缺陷密度	缺陷会损害器件性能
击穿场强	决定了材料对高电场强度的耐受力
热导率	决定了器件工作时的散热能力
热稳定性/熔点	决定了器件耐高温的能力——在器件制造和工作时很重要
耐辐射强度	决定了半导体对高能辐射的耐受程度
机械稳定性	防止在器件制造过程中半导体衬底的损坏

在各种应用中，定义材料有用性的另一种标准可以是衬底的机械特性和尺寸，因为半导体器件和电路都是在该衬底上形成的。虽然在表2.3中给出的通用指南总是有效的，但适用于有限面积衬底上形成的基于晶圆的刚性电子和光子器件以及柔性和大面积的电子和光子器件需要考虑的因素也有不同。这意味着任何给定半导体材料的物理性质和所使用的衬底类型并不是选择材料的唯一标准。在某些情况下，具有所需晶体结构的材料的可用性、成本以及众所周知的可制造性等相关特性将影响材料选择过程。

为了总结对无机半导体材料的讨论，图2.10说明了部分单质半导体或无机化合物半导体的能隙宽度、能隙类型、电子迁移率与电磁波谱的对应关系。

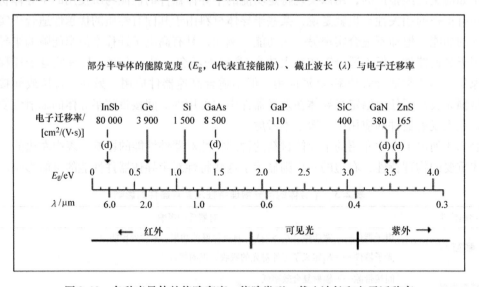

图2.10   各种半导体的能隙宽度、能隙类型、截止波长和电子迁移率

2.5   有机半导体

除了上一节讨论的各种各样的无机半导体外，一些有机材料（即主要由碳和氢组成的

材料）也表现出半导体的性质，而且有机半导体与无机半导体的不同特点使其可以有一系列独特的应用。

有机材料一般都是电的弱导体。但是其中一些有机材料在注入载流子（电子或空穴）或经过适当的化学处理后，它们也具有半导体的特性，即可以通过外部电场来控制电荷的分布以及显示出发光和探测光的能力。因此，这类有机化合物被恰当地称为有机半导体。

有机半导体技术的发展，不是因为它们具有优于无机半导体的特性，而是因为它们可以将半导体的应用扩展到传统薄膜无机半导体无法应用的领域。在这种情形下，在物理指标方面，譬如载流子的迁移率，有机半导体不如无机半导体并不是决定性的考虑因素。

以下因素为有机或"塑料"半导体与无机半导体的主要区别：①即使有机半导体剧烈弯曲，其也能保持基本物理性质，所以其可与柔性衬底兼容；②有机半导体仅用作薄膜、非晶体材料；③有机半导体对可见光透明；④有机半导体是低成本材料，而且用相对简单的制造技术即可加工成为功能性器件。这些特性为在柔性衬底上形成半透明的功能性半导体器件和电路提供了可能。

有机半导体是基于图 2.11a 所示的小分子（单体）或由链状小分子所组成的聚合物（见图 2.11b）。在这两种情况下，弱范德华力是产生塑性固体粘结力的原因。就化学成分来说，最常用的小分子有机半导体的代表是并五苯（$C_{22}H_{44}$）。常见的聚合物有机半导体为共轭聚合物，即由两种化合物通过共价键连接而成的聚合物，这部分内容超出了本书讨论的范围。单分子半导体和聚合物半导体都可通过商业购买的途径获得。

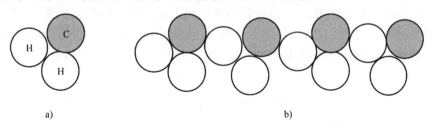

图 2.11 a）小分子有机半导体；b）聚合物有机半导体

有机半导体的组装方式决定了无机半导体和有机半导体电荷传输机制存在根本不同。对于无机半导体，电子以离域平面波（delocalized plane wave）的形式运动，仅受到有限的散射，因此具有相对较高的迁移率，如室温下硅的迁移率为 $1500cm^2/(V \cdot s)$（见表 2.1）。对于有机半导体，电荷输运机制为载流子在有机分子的局域态之间跳跃。在这一过程中，电子受到显著的散射，这导致了有机半导体的电子迁移率较低，通常在 $1 \sim 3cm^2/(V \cdot s)$ 范围内。并五苯在有机半导体中具有最高的载流子迁移率。

尽管在电学性质上不如无机半导体，但有机半导体在许多无机半导体根本不兼容的应用领域得到了广泛的应用。这些领域包括透明、柔性、印刷电子和光子器件及电路，相关内容将在第 3 章中进一步讨论。

2.6 体单晶的形成

单晶半导体是半导体器件工程的核心，所以形成单晶半导体的方法对于半导体器件技术至关重要。其原因是在晶体的质量（参见图 2.4 中的缺陷）与基于晶体半导体材料的器件性能之间存在非常强的相关性。在本节中，我们将回顾生长体单晶半导体材料的方法。在下一节中，我们将讨论通过外延沉积的方法来形成薄膜单晶材料。

2.6.1 CZ 法生长单晶

到目前为止，制造体单晶半导体（有别于薄膜单晶）最常见的方法是 Czochralski 晶体生长法，简称为 CZ 晶体生长法（直拉单晶制造法），可进一步简称为 CZ 法。以单晶硅的生长为例，CZ 法是在以高纯石英或碳化硅为内衬的坩埚中熔化超纯多晶硅块。为了实现 n 型或 p 型导电性并达到所需的掺杂，需要在熔融体中加入数量精确的掺杂剂。随后，将严格定向的高质量单晶硅（籽晶）浸入熔融硅中（见图 2.12a），然后缓慢旋转拉离熔融体（见图 2.12b）。在拉伸过程中，熔融硅的结晶发生在熔融硅与单晶硅锭（也就是单晶棒）之间的界面。从熔融体中拉出的单晶锭（见图 2.12c）的晶体结构与籽晶的晶体结构相同。

CZ 法直拉形成单晶过程的本质事先决定了晶锭的圆形形状。铸锭的直径依次决定了由晶锭切出的单晶晶圆直径，对于硅来说，可以大至 450mm。

在生长单晶的各种方法中，CZ 法可以用来生长①直径最大的晶锭，因此可获得最大的晶圆；②最低晶体缺陷密度的单晶；③径向分布，即沿铸锭直径方向分布，最均匀的掺杂原子。由于上述优点，CZ 晶体生长是半导体技术中应用最广泛的体单晶制备方法。

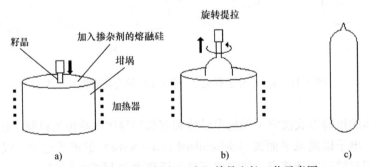

图 2.12 Czochralski 法（CZ 法）单晶生长工艺示意图：
a）将籽晶浸入熔融硅中；b）将单晶硅从熔融硅中提拉出来；c）形成的硅锭

2.6.2 其他方法

在一些场合，CZ 法生产不出具有特定性质（比如电阻率）的单晶材料，或者由于某个半导体材料的固有特性和 CZ 法生长条件不兼容而不能用，这类场合可以使用其他方法生长体单晶半导体。

CZ 法的第一个局限性是有些应用中需要形成的晶体不能有其他元素的污染以保证单晶半导体（如硅）有非常高的电阻率。CZ 法本质上熔融材料在很高的温度下仍然与坩埚接触，硅晶体会受到诸如坩埚中氧或碳浸出的污染。这时，必须使用另一种被称为区熔（FZ）结晶的方法来形成单晶。

CZ 法的第二个局限性是某些半导体材料与 CZ 工艺的高温环境不相容，尤其是对于组成元素的蒸气压变化很大的半导体化合物材料。以砷化镓（GaAs）为例，砷的蒸气压显著高于镓的蒸气压。在这种情况下，由于一种元素（在 GaAs 的情况下为砷）的过度蒸发，很难在直拉过程中保持熔融体中化合物的成分平衡。为了克服这些局限性，Bridgman 单晶生长法可用来形成一些主要化合物半导体的单晶。

CZ 法在形成诸如碳化硅（SiC）等具有极高熔点的半导体单晶时也有所局限。由于 SiC 的熔点为 2730℃，故需要采用籽晶升华的方法来形成单晶。该方法需要将 SiC 粉末在减压下加热到 2200℃，在此条件下 SiC 升华，即从固相直接转变为气相。SiC 蒸气到达位于 SiC 籽晶附近的位置，在那里凝聚形成 SiC 单晶。

在单晶生长方面，比较特殊的是氮化镓（GaN）。这种在光子和大功率电子应用领域中不可或缺的半导体，用上述任何一种方法都无法获得体单晶形式。为了获得形状和尺寸符合商用器件制造要求的体单晶 GaN，必须在极端的压力和温度下，如在高压釜中采用氨热法，以制备单晶 GaN。

为了推进 GaN 器件技术，需要另一种替代方案来破解上述工艺的高成本及制备大尺寸单晶 GaN 晶圆的技术挑战（参见下一节以更详细了解该主题）。

2.7 薄膜单晶的形成

除了体单晶生长外，薄膜单晶半导体材料的制备方法也是半导体工程的基础工艺之一。对于薄膜单晶制备而言，外延沉积的概念非常重要。

2.7.1 外延沉积

外延沉积指的是被称为外延（来自希腊语"有序沉积"）的过程，其在单晶衬底上形成固体层，使得所沉积材料的晶体结构完全复现衬底的晶体结构（见图 2.13a）。根据定义，通过外延沉积形成的层或外延层（简称 epi 层）是一层其晶格常数 a_f 与衬底晶格常数 a_s 相同的单晶材料。

根据沉积条件，化学成分相同的材料可以以这样的方式沉积在衬底上，即沉积的材料不会再现单晶衬底的晶体学结构，沉积生成的是多晶或非晶薄膜（见图 2.13b）。如果是这种情况，该工艺显然不是外延沉积，而是传统沉积，即沉积膜的结晶性不是主要考虑因素。

外延沉积材料的化学成分可以与衬底的化学成分相同（同质外延）或者不同（异质外延），只要两者的晶格常数 a（见图 2.2）匹配（晶格匹配）。从上述讨论可以得出，外延沉积的过程一般只涉及一个单晶衬底，其表面必须非常干净以允许不受干扰的外延生长。如果

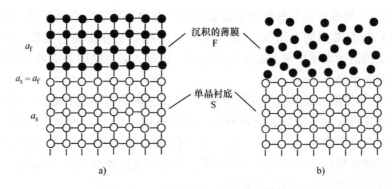

图 2.13　a）外延沉积；b）非外延沉积

衬底表面覆盖有任何非晶残余膜，哪怕特别薄，将要形成的外延层原子与衬底之间也会被该非晶残余膜隔离，从而无法复现衬底的晶体结构。再有，为了使被吸附的原子与衬底中的原子排布整齐，并用最低的能量与衬底表面的原子形成键合，外延沉积工艺需要在高温下进行。

外延沉积的单晶半导体薄膜具有一系列其他工艺无法获得的特性，在半导体器件工程中得到了广泛的应用。使得外延沉积独一无二的关键特征如下：

第一，根据定义，外延沉积的特征就是所沉积的薄膜晶体结构精确地复现了衬底的晶体结构。第二，在外延生长过程中将掺杂原子引入生长薄膜中，使得可以独立于衬底的掺杂来设置外延层的导电类型（n 型或 p 型）以及掺杂水平。第三，由于掺杂剂的引入发生在外延薄膜的生长过程中，故掺杂剂原子在整个薄膜的厚度上均匀分布。

外延沉积的另一个特点是可以通过一些沉积技术，将薄膜的生长精确地控制在单个纳米厚度的范围内。结合在上面已经提过的可以实现不同于衬底的导电类型和掺杂水平，外延沉积是一种允许在半导体材料系统中实现早先讨论过的带隙工程的工具。

此外，形成外延膜的气体或者外延膜本身都不会接触到外来固体，例如参与体单晶生长的坩埚。因此，外延层通常比在其下的体单晶化学纯度更高。

外延沉积技术的缺点是形成外延层的衬底表面的结构缺陷会被再现，而且事实上，在薄膜生长中缺陷还会被放大。此外，外延沉积是高温工艺，根据实现方式（更多详细讨论见第 5 章）和沉积材料的不同，外延沉积的温度可能在 500 ~ 1100℃ 范围内变化。

2.7.2　晶格匹配和晶格失配的外延沉积

由于具有上述优点，外延沉积是制造各种先进半导体器件的重要工艺。根据外延沉积的目的和实现方式，可分为晶格匹配和晶格失配的外延工艺。图 2.13a 是前一个过程的示意图，即衬底和外延膜的晶格常数 a 完全相同，故两者具有相同的化学成分。在这种同质外延的情况下，可以将硅外延层沉积在单晶硅衬底上，以形成具有不同于衬底的导电类型（n 型或 p 型）的均匀掺杂膜。

晶格失配外延是基于不同的原理实现的，其目的与晶格匹配的同质外延不同。一般来说，具有不同化学成分的晶体具有不同的晶格常数，在晶体生长的过程中不能通过外延沉积的方式集成到同一个材料系统中而不产生缺陷。然而在某些情况下，衬底和外延层之间的受控晶格失配不仅可以被克服，而且是需要的。这是因为晶格失配引入了晶格内的应变（如第 1 章所示），应变使得应变材料中电子迁移率增加，进而导致电子器件工作速度更快。这些电子器件工作时电流流经应变晶格。

图 2.14 说明了异质外延应变层的原理。考虑在一个具有晶格常数 a_s 的单晶衬底 S 上沉积具有不同晶格常数 a_f 的薄膜 F。在薄膜生长过程中，由于晶格中原子的相对位移（晶格失配）产生的应变持续增加，直到在一定的薄膜厚度下，应变能通过晶格中键的重新排列而释放，从而在晶格中形成以位错为主要形式的缺陷（见图 2.14a）。此时，薄膜里弛豫晶格的晶格常数 a_f 将恢复到其无应力值。然而，如果薄膜生长将在临界厚度 h_c 以下停止，即在可通过应变调节晶格失配的厚度范围内，则一层被称为赝晶膜的高应变单晶膜 F 会在衬底 S 上形成（见图 2.14b）。临界厚度 h_c 随着晶格失配 $f = a_f - a_s / a_{average}$ 的增加而减小。在实际的应变层异质结构中，晶格失配通常不超过 5%，应变膜的厚度在 1~20nm 之间。对具体材料来说，硅上外延沉积硅锗赝晶膜（SiGe）是应变层异质外延的典型例子。

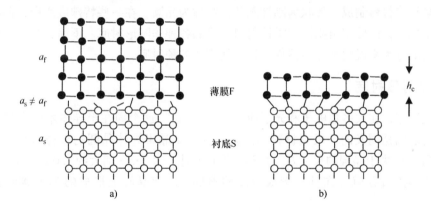

图 2.14 a) 当衬底和沉积膜的晶格常数 a 不匹配时，界面处会形成缺陷；b) 如果沉积膜的厚度不超过临界值 h_c，晶格不匹配所引起的应变就可容忍

如需将两种晶格不匹配的材料组合成单一材料系统而不在晶格中引入应变，就可以采用一个或多个缓冲层实现从一种晶格结构（晶格常数）到另一种晶格结构的逐渐过渡而不使晶格产生应变。在这种情况下，用梯度层（graded layer）一词来强调在不同晶格常数的材料间通过控制其化学成分的逐渐转变。异质外延和梯度层应变异质外延技术的结合，使得设计复杂材料系统具有很大的灵活性，可服务于广泛的电子和光子功能。这种材料系统的一个例子是由几层超薄层（通常为 1~2nm 厚）组成的超晶格，这些超薄层可以是晶格匹配的（无应变），也可以是晶格失配的，从而形成应变层超晶格（Strained Layer Superlattice, SLS）。

超晶格的一个例子是 GaAs/AlAs 材料系统。GaAs/AlAs 材料系统的独特之处在于它对于任意 As 的成分比例，都具有晶格匹配的特性。如前所述，当 x 从 0 到 1 变化时，这种特殊三元化合物的能隙从 $E_g = 1.42\text{eV}$ 变为 $E_g = 2.16\text{eV}$，所以在实现了带隙工程的同时而又没有在晶格中引入应变。引入应变的情况可以用 GaAs/InAs 材料系统为例加以说明。GaAs 和 InAs这两种Ⅲ－Ⅴ族化合物在任何成分比例下晶格都不匹配，因此非常适合形成应变层超晶格。

在这两种结构中，都可以在夹在较宽带隙材料之间的较窄带隙材料层中形成较早讨论的量子阱。在上述两个例子的情形下，夹在 GaAs 层之间的超薄 AlGaAs 以及夹在应变层超晶格的 GaAs 层之间的超薄 InGaAs 都可以形成量子阱。

2.8 衬底

半导体工程的一个关键要素是一块机械上连续的、器件加工从其开始的固体，被称为衬底。衬底可以是①特性被局部改变以构建功能性电子或光子器件的体半导体，或者②体半导体或绝缘体，其上构建了用于执行电子或光子功能的薄膜半导体系统。在前一种情况下，衬底参与器件的工作。在后一种情况下，衬底为在其上建立的多层薄膜材料系统提供机械支撑，且同时具有所需的电学、光学特性。用于制造半导体器件最常见的衬底由如图 2.12 所示的单晶半导体材料制成，形状为刚性圆片，被称为晶圆。在一些特殊应用中，器件技术也偏离了这个标准，而使用由刚性或柔性材料制成的各种非圆形衬底。下面，根据半导体和非半导体衬底的分类来说明半导体器件工程中使用的各种衬底。

2.8.1 半导体衬底

如前文所述，在大多数电子和光子应用中，"衬底"这个词在半导体术语中与单晶半导体所形成的晶圆是同义的。根据材料和工艺需要，单晶半导体晶圆的直径从小于 20mm 到 450mm 不等。取决于晶圆的尺寸及其用途，厚度从小于 0.1mm 到大约 1.0mm 不等。一般而言，越大的晶圆直径就可在其上形成越多的器件，从而晶圆上形成的单个器件的成本就越低。

体晶圆 体单晶材料通常以晶棒的形式采用 2.6 节中的方式获得。图 2.15 显示了将单晶棒转变为可用于后续生产的晶圆的关键步骤。首先，对晶棒进行机加工，以确保直径沿其长度的一致性。然后，在称为切片的过程中，使用高精度多线切割锯将单晶晶棒切割成晶圆。晶棒沿预先确定的晶面切成晶圆以获得所需的表面取向，例如（100）或（111）。这种工艺步骤很重要，因为表面取向定义的表面原子排列在定义这些表面上所形成器件的特性方面起着一定作用。随后，对每片晶圆进行倒角、研磨、刻蚀和抛光操作以在晶圆的一面获得类似镜面的表面品质（有时晶圆双面都抛光）。从器件制造的角度来看，最后的抛光步骤是一个特别重要的步骤，因为它决定了晶圆表面和近表面区域的品质。

晶圆制造系列步骤（见图 2.15）中的一个特殊步骤是最后的清洗操作。使用软刷进行机械擦洗以去除抛光液，这一多步骤工艺设计用于去除晶圆表面的所有化学污染物，甚至是最微小的颗粒（请参阅第 4 章中关于表面污染物的更详细讨论和第 5 章中关于半导体器件制造中的清洗工艺）。

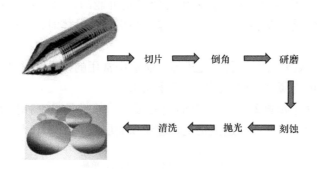

图 2.15　从单晶棒到可用于制造器件的晶圆

上面讨论的衬底晶圆制造的一般原理也适用于方形晶圆，例如用于太阳能电池制造的硅片。区别在于①起始晶棒横截面的几何形状为方形或矩形；②晶棒的晶体结构可以是单晶或多晶；③抛光步骤所扮演的角色。抛光步骤界定了晶圆表面的几何形状，但并不是想要表面达到镜面般的效果，因为镜面般的表面会加大太阳光在太阳能电池表面非期望的反射。因而，太阳能电池表面为了抑制反射会故意做上纹理。

除了几个明显的例外，几乎所有本章前面提到的无机半导体都可以按照上面提到的步骤加工成衬底晶圆。根据材料的不同，晶圆直径和晶体质量会有很大差异。使用更高质量的硅材料有助于实现用硅制造更大、更高质量的晶圆。为了使这些晶圆具有所需的特性，通常需要对其进行额外的处理。下面就以硅晶圆为例对这些处理进行简要概述。

工程硅晶圆　采用图 2.15 所示的工艺能制造出满足典型半导体器件制造工艺要求的高质量体晶圆（见图 2.16a），然而在高端器件制造中，这种同质硅晶圆（通常被称为体晶圆）需要进行进一步加工以满足特定器件的相关要求。晶圆工程的发展方向如图 2.16 所示，并在下面的讨论中予以说明。

剥蚀区形成　术语"剥蚀区"是指晶圆上紧邻其顶面的非常薄的部分，从该区域通过吸杂工艺（见图 2.16b）将过多的结构缺陷和/或外来元素（污染物）转移到晶圆的主体部分。在半导体术语中，"吸杂"是指迫使半导体晶格中的污染物和/或结构缺陷从晶圆的上表面移动到晶圆的块体中，并将其捕获在那里。通过这种方法，就形成了一个紧邻晶圆顶面的没有缺陷和污染物的剥蚀区，即用来制造有源器件的区域（见第 3 章的讨论）。通常，市场上提供的高质量直拉硅晶片具有通过吸杂形成的剥蚀区。吸杂工艺要么是通过一系列的热处理来实现的，晶圆是按照严格的预定顺序进行的（内吸杂）；要么是通过外部相互作用改变晶圆中的应力分布，再加上热处理，从而使某些类型的缺陷和某些污染物离开上表面（外吸杂）。

外延延伸　如 2.7.1 节所述，外延沉积过程可以形成非常薄的单晶材料层，从而使沉积膜准确地再现衬底的晶体学结构。同时，掺杂类型（p 型或者 n 型）可以与衬底相同或不同。外延延伸（见图 2.16c）的另一个优点是外延层的化学纯度及其表面的物理特性（平滑度）要优于在晶圆制造过程中经过各种机械处理（研磨、抛光）所能获得的衬底及表面

（见图 2. 15）。此外，异质外延沉积作为外延延伸也是可能的，只要衬底和沉积薄膜之间晶格匹配或者在界面处形成应变层。当衬底是较厚的晶格失配晶体时，可以采用本节后面讨论的晶圆键合技术。

由于上述优点，外延延伸是一种在先进器件制造中常用的体晶圆改进方式。根据应用的不同，外延层的厚度可能薄至几纳米到厚至几十微米。

应变层 前面讨论并如图 2.14 中示意的应变层异质外延是另一种技术，该技术用于将衬底晶圆加工成具有所需特性，在这里是生长应变顶面层（见图 2.16d）。

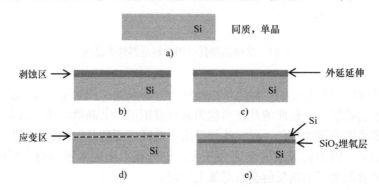

图 2.16　同质单晶硅晶圆被加工成可满足各种器件应用需求的方式示意图

晶圆键合 晶圆键合是一种不使用粘合剂，而将两个晶圆永久性地键合（熔合）成一个机械连贯（mechanically coherent）的衬底的工艺。这种多用途的技术可以形成其他方式难以制造的半导体衬底，即并非所有半导体都能获得尺寸和形状与晶圆兼容的单晶，而通过晶圆键合，这种材料的碎片可以键合到较大的晶圆上以提供机械支撑，并便于在器件制造过程中处理晶圆。

晶圆键合过程中，由相同材料制成的两个晶圆，例如两个硅晶圆键合，称为同质键合；具有失配晶格的两种不同材料的单晶晶圆键合，例如 GaN 和 Si 可以键合到同一个衬底中，称为异质键合。

图 2.17 说明了晶圆键合的过程。晶圆键合的表面必须非常光滑和洁净。因此，在键合过程中需要进行非常彻底的晶圆清洁工序。表面处理后，使用通常在真空条件下工作的晶圆专用键合设备，如图 2.17 所示在高温下对晶圆 A 和 B 施加压力。两个晶圆间形成永久键合所需力的性质取决于几个因素，包括键合材料的化学成分以及键合过程的条件。两种物理接触的固体之间最常见的相互作用类型包括范德华力、静电力（库仑力）和毛细力，晶圆间通常是以上各种力的组合。典型的采用键合工艺制造衬底晶圆的最后一步是研磨、抛光，以减薄器件晶圆 A，使其最终厚度满足器件制造工艺的需求（见图 2.17c）。

晶圆键合工艺可用来生产类似于前面提到的外延延伸薄膜层（见图 2.16c），但键合工艺不受晶格匹配的限制，因此可以在混合、匹配各种类型的材料时提供更大的灵活性，满足任何所需类型器件制造的特定需求。

绝缘体上硅（Silicon - on - Insulator，SOI） 通常来说缩写"SOI"代表"绝缘体上

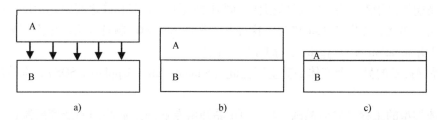

图 2.17 晶圆键合工艺: a) 在高温下挤压两个晶圆; b) 形成永久键合; c) 顶部晶圆减薄至所需厚度

硅", 但在广义上也可指 "绝缘体上半导体" 衬底晶圆。图 2.16e 显示了一种同质硅晶圆加工 SOI 晶圆的方式。这个过程的目的是在其近表面区域下方形成一层薄薄的绝缘体, 对于硅片, 这层绝缘体是其天然氧化物二氧化硅 (SiO_2)。由于这层氧化物可以看作是 "埋入" 硅中的, 所以通常使用术语 "埋氧层 (Buried Oxide, BOX)" 来指代这层氧化物。BOX 顶部的一层硅是形成功能器件的活性硅层, 而 BOX 下面的晶圆部分则仅起机械支撑的作用。

用 BOX 制作 SOI 晶圆有两种不同的途径 (见图 2.18)。第一种是基于先前讨论的晶圆键合技术 (见图 2.17)。如图 2.18a 所示, 两块体硅晶圆 A 和 B, 这两块晶圆的待键合表面上都覆盖有氧化物, 且晶圆 A 注入了氢。它们在高温下相互挤压, 使得键合面上的氧化物产生固定的键, 形成之后将得到 SOI 衬底的埋氧层 (见图 2.18b)。接下来, 沿着氢注入平面的应力层通过热促进晶体解离的方法将晶圆 A 分离 (见图 2.12c)。这一工艺被称为 SmartCut™ (体硅智能剥离) 工艺, 它可将晶圆 A 在键合后分离而同时又不会损坏晶圆 A, 使得晶圆 A 可以被重复使用。

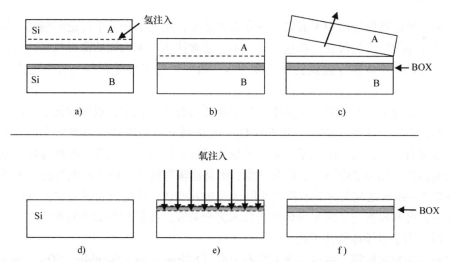

图 2.18 SOI 晶圆制造工艺的简化示意图: a) ~ c) SmartCut™ (Soitec, SA) 工艺; d) ~ f) SIMOX 工艺

键合法之外, 商业制造 SOI 衬底的另一种方法是基于本书第 5 章将更详细讨论的离子注入技术 (见图 2.18e)。离子注入时, 氧离子向体硅晶圆加速, 撞击其表面, 然后穿透晶圆的近表面区域, 直到氧离子到达由加速产生的动能所决定的深度。注入后, 晶圆要经过热处

理以消除高能氧离子对硅晶体造成的损伤，同时加强注入的氧和硅之间的化学反应以形成二氧化硅埋层（BOX，见图 2.18a 和 f）。这种基于氧注入的 SOI 制备方法被称为 SIMOX（Separation by IMplantation of OXygen，注氧隔离）工艺。

SOI 晶圆技术的另一个变体是蓝宝石上硅（Silicon – on – Sapphire，SOS），本节后文将简要介绍。

与其他类型的工程半导体晶圆一样，SOI 晶圆由专业的工业晶圆制造商所制造并提供给器件制造商以符合它们各自需求的规格和尺寸。

硅作为非硅材料的衬底   本章讨论的大多数具有实际重要性的无机半导体，包括单质半导体和化合物半导体，都可以以单晶晶圆的形式获得并用来制造半导体器件。如前所述，取决于材料及单晶生长技术，这类晶圆的形状可以是圆形或方形，并且尺寸可以从某些化合物半导体的边长为 10mm 的方片变化到直径为 450mm 的圆形硅晶圆。一般来说，更大的衬底可以显著降低构建于其上的器件的成本，这是大多数器件制造商所梦寐以求的。

然而由于技术方面的限制，一些半导体在尺寸和成本方面无法以晶圆的方式获得，故无法应用于商业半导体器件制造中。由于单晶硅晶圆质量非常高、机械强度足够好、尺寸大和相对较低的成本，在为技术上有挑战性的半导体材料选择异质衬底时，硅晶圆通常是首选。前面提过的氮化镓（GaN）就是一个很好的例子。在硅晶圆上形成 GaN 薄膜可以使得 GaN 衬底的尺寸与硅晶圆尺寸一样大，这是在碳化硅（SiC）上形成 GaN 和在蓝宝石上形成 GaN（见下一节）的一种经济可行的替代方法。

2.8.2   非半导体衬底

在许多半导体器件应用中不需要，或者说没必要，用到上一节中讨论的刚性、晶体、可导电的半导体晶圆形式的衬底。在这些应用中，通常使用广为人知的薄膜技术，为在绝缘衬底表面上构建的半导体器件提供机械支撑。本节简要概述半导体器件工程中用作衬底的绝缘体。

蓝宝石   在电子、光子器件制造中，如果需要具有优异光学、机械和化学性能的绝缘衬底，蓝宝石是首选。蓝宝石是氧化铝（Al_2O_3，又称刚玉）的单晶（六方晶系）形式，它的衬底特性非常符合许多重要的电子和光子半导体器件的需要。对比于其他绝缘体，蓝宝石具有优异的耐温性（熔点 2300℃）、耐腐蚀性、耐高能辐射特性。蓝宝石额外的一个优点是它对波长在 0.3 ~4μm 之间的光具有高透明度（超过 80%）。晶圆形式的蓝宝石可以在市场上买到，它的直径和厚度与主流半导体制造技术完全兼容。我们列举如下两种蓝宝石的应用以说明其如何应用于半导体器件工程。

蓝宝石作为衬底的第一种应用是蓝宝石上硅（Silicon – on – Sapphire，SOS）晶圆，即先前讨论的绝缘体上硅（SOI）技术的一种变体。与 SOI 晶圆中导电硅晶圆为埋氧层和活性硅层提供机械支撑（见图 2.19a）不同的是，在 SOS 晶圆中活性硅层形成在提供机械支撑但不导电的体蓝宝石上（见图 2.19b）。在某些应用中，如在活性硅层上制备高频器件和电路，导电性的差异使得 SOS 晶圆较 SOI 晶圆有显著优势。

图 2.19　a）绝缘体上硅（SOI）晶圆，其中埋氧层作为绝缘层，
硅作为导电衬底；b）蓝宝石上硅（SOS）晶圆

SOS 晶圆制备所面临的困难是单晶硅和蓝宝石晶体结构不匹配，因此无法使用直接外延法在蓝宝石上生长出无缺陷、器件级质量的 Si 活性层。然而事实证明，这种外延生长的缺陷密度可以通过用高能硅注入带缺陷外延层（见第 5 章的讨论）造成的非晶化而大大降低，然后通过谨慎实施的热处理将其重构为单晶相，这一过程被称为固态外延。

蓝宝石作为衬底的第二种重要应用是解决前面提到的满足大规模商业制造 GaN 器件需求的单晶 GaN 晶圆加工工艺的问题。在诸如蓝宝石、碳化硅或硅衬底上采用异质外延沉积 GaN 是该难题的一种解决方案。在这几种材料中，蓝宝石衬底的成本比碳化硅低，且蓝宝石衬底对光的透明性是硅衬底所不具备的。不过，在蓝宝石衬底和 GaN 外延层之间需要一个过渡层，称为缓冲层，以适应不同的晶格常数（参见前面关于晶格失配外延沉积的讨论）以及将这两种材料之间热膨胀系数差异所带来的影响减到最小。

玻璃　薄膜技术中最常见的衬底是玻璃。玻璃具有绝缘性、对光的透明性和足够的机械稳定性，所有这些特性都推动了玻璃作为半导体器件技术中衬底的应用。从重量百分比上看，所有玻璃的主要成分都是二氧化硅（SiO_2），次要成分是氧化钙（CaO）。在玻璃中额外添加不同数量的氧化钠（Na_2O）、氧化硼（B_2O_3）、氧化铝（Al_2O_3）、氧化镁（MgO）等成分可获得具有所需性能的玻璃。

钠钙玻璃，也称为钠钙硅玻璃，是我们日常生活中最常见的玻璃类型，既有片状玻璃，例如窗玻璃，也有定型玻璃，例如玻璃容器。由于钠钙玻璃的用途非常广泛，钠钙玻璃占制成玻璃的绝大部分。在钠钙玻璃中 Na_2O 的重量百分比仅次于 SiO_2。在性能要求不高和产品成本较低的场合，钠钙玻璃可用作半导体器件的衬底。在需抗热冲击性的应用中，B_2O_3 取代 Na_2O 成为仅次于 SiO_2 的主要成分，得到的玻璃被称为硼硅玻璃。硼硅玻璃的抗温度冲击性比钠钙玻璃更好。这种类型的玻璃有许多种不同的商品名，比如 $Pyrex^{TM}$。

由于玻璃的非晶态特性具有固有的结构缺陷，如果玻璃的结构缺陷会干扰在玻璃表面制备的半导体器件的特性，则需要使用石英衬底。石英是单晶形式的 SiO_2，其价格明显高于玻璃，但石英具有更优越的光学特性和耐温性。

在要求衬底透明但衬底表面又需要能导电的应用中，玻璃片表面要覆盖一层薄膜材料，该材料导电且对可见光透明。氧化铟锡（Indium – Tin – Oxide，ITO）是用于这类应用最常见的透明导体。覆盖 ITO 的玻璃衬底可以方便地在市场上购买到。

柔性衬底　上面所讨论的衬底都具有刚性，因此仅可用于不会发生弯曲、折叠或拉伸的半导体器件和电路中。当固体做得很薄时，例如不锈钢，都会显示出一定程度的柔韧性。然而，在半导体器件技术中，可弯曲和可卷曲的塑料薄膜材料是首选。在众多可用的聚合物中（"聚合物"本质上是塑料的另一个名称），材料的选择取决于柔韧性、耐温性、可拉伸性和对光的透明性。例如，聚酰亚胺具有良好的耐温性，Kapton®聚酰亚胺胶带从零下到400℃的温度范围内都能保持稳定。一种称为 PEN（聚萘二甲酸乙二酯）的聚合物是一种透明导电材料。PEEK（聚醚醚酮）则具有非常好的机械性能和耐化学腐蚀性能，它甚至在高温下还能保持这些特性。

就器件应用而言，织物是用于制造可穿戴电子器件的一类特殊柔性衬底（见3.8节）。适当选择的纸张，比如电子纸，是另一种可以用来制备薄膜半导体器件的柔性衬底。

2.9　薄膜绝缘体

本节讨论的是用于半导体器件制造的薄膜绝缘体，根据不同应用场景，其厚度从 1nm 到 100nm 左右不等。无论是电子器件还是光子器件，如果其中缺少绝缘层，不论这层绝缘层是跟半导体、薄膜导体还是其他薄膜绝缘体形成物理接触，任何半导体器件都无法制造和正常工作。基于这些原因，所用薄膜绝缘体的主要特性是关于半导体器件技术讨论不可或缺的一部分。

在本节的讨论中，薄膜绝缘体根据用途可以分为不限于任何特定功能的多用途薄膜绝缘体和嵌入器件结构以实现特定功能的专用薄膜绝缘体。

2.9.1　一般性质

如1.1节所述，绝缘体是不导电的固体。它们在半导体器件工程中起着关键作用，是最终器件结构中的必不可少的组成部分。它们对器件的各个部分进行电隔离，并对器件表面进行钝化和保护。在某些类型的器件中，它们组成了器件赖以工作的部分［参见第3章中关于金属－氧化物－半导体（MOS）器件的讨论］。在另一些器件中，绝缘体在定义介电－半导体结构的光学特性方面发挥作用。此外，薄膜绝缘体使得半导体器件的一些制造工艺成为可能，例如作为掩模材料。总而言之，如果没有薄膜绝缘体的参与，任何半导体器件都无法制造或者工作。

在主流的电子半导体器件应用中，人们感兴趣的是绝缘体，绝缘体除了阻挡电流外，也不会显示出永久极化，只有在存在电场的情况下才能临时极化。展现这种特性的绝缘体被称为电介质。在日常半导体术语中，经常把"绝缘体"和"电介质"视为同义词并互换使用。此外，由于半导体技术中使用的许多绝缘体是氧化物［例如二氧化硅（SiO_2）、氧化铝（Al_2O_3）或氧化铪（HfO_2）］，因此在半导体术语中经常使用术语"氧化物"来指代绝缘体。

电介质的一个重要参数是介电常数 k（也称为相对介电常数），它表示绝缘体储存电荷的能力。高 k 值的电介质比低 k 值的电介质能够在更长的时间内保存更多电荷。k 值是区分半导体技术中使用的各类绝缘体的一个因素。

半导体器件中使用的电介质必须满足几个严格的指标，它们不仅涉及电气特性，而且还涉及与半导体接触的绝缘体的光学、机械和热特性。在电气特性方面，高介电强度代表材料对高电场的抗击穿能力，这在某些类型的器件中是最为重要的。对于光学特性而言，绝缘体和半导体的折射率 n_1、n_2 决定了光在绝缘体－半导体结构中的反射和折射现象。对于机械和热特性，则应关注绝缘材料的粘附性能以及绝缘体和半导体的热膨胀系数的兼容性。

绝缘体－半导体材料系统的各种特性（缺陷），可能对其在电应力和机械应力、温度、时间和高能辐射下的稳定性产生不利影响，并因此可能对其所属的半导体器件性能产生不利影响，如图 2.20 所示。

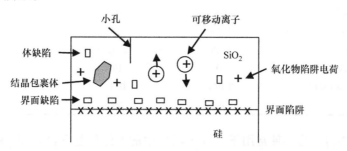

图 2.20　单晶半导体衬底上的非晶态氧化物缺陷示例

就工艺相关特性而言，薄膜绝缘体可以很容易地沉积在半导体器件制造所用的各种衬底上，并且应能容易地通过刻蚀去除。应充分掌握用于加工薄膜绝缘体而又不影响到半导体器件制造中对其他材料的操作。

2.9.2　多用途薄膜绝缘体

如上所述，只有特定的绝缘体具有与半导体器件技术要求相兼容的性质。下文的概述集中在薄膜绝缘体，由于其特性，薄膜绝缘体在与器件相关的各种应用中均被广泛应用。

二氧化硅（SiO$_2$）　SiO$_2$ 是半导体技术中应用最广泛的绝缘体，不仅因为它是硅的天然氧化物，而且从器件应用的角度来看，它具有优越的特性，其沉积和刻蚀技术也得到了充分的研究。无定形 SiO$_2$ 只是单纯的玻璃，如前一节所述，它是半导体器件技术中一种常见的衬底。单晶体 SiO$_2$ 称为石英。在薄膜半导体器件应用中，SiO$_2$ 仅以非晶态形式用于各种用途。

如表 2.4 所示，具有宽能隙和高介电强度的 SiO$_2$ 是一种优良的绝缘体。它可以使用现有的方法方便地沉积，且通过热氧化在硅表面上形成的 SiO$_2$ 具有特别高的质量（参见 5.4.2节）。同样重要的是在氢氟酸（HF）水溶液中刻蚀，可以很容易地去除薄膜 SiO$_2$。此外，SiO$_2$ 的高熔点赋予了其耐高温处理的能力，拓展了它在各种半导体器件制造中的用途。SiO$_2$ 的一个缺点是其密度相对较低（见表 2.4），这使得它可以被水汽、氢以及外来的可移动离子，尤其是 Na$^+$ 等碱离子渗透（见图 2.8）。一旦进入 SiO$_2$，污染离子会在电场的影响下四处移动，从而使得含有 SiO$_2$ 薄膜的器件不稳定。SiO$_2$ 的第二个缺点是它对高能辐射的敏感性，换句话说就是抗辐射强度不够。当含有 SiO$_2$ 的器件和电路用于空间和军事用途时，这个缺点就会造成问题。在 SiO_2 中加入氮气，形成氮氧化硅（SiO_xN_y），可以在一定程度上缓解 SiO_2 的不足。该工艺可提高氧化物的密度，改善其整体完整性，包括抗辐射强度。

表 2.4 部分薄膜绝缘体的特性（所列数据仅供比较且可能因薄膜沉积方法不同而异）

性质/材料	二氧化硅（SiO_2）	氮化硅（Si_3N_4）	氧化铝（Al_2O_3）
能隙宽度 E_g/eV	8.0	5	8.4
电阻率/（$10^{15}\Omega \cdot cm$）	10	0.1	10
介电常数 k	3.9	5	8
密度/（g/cm^3）	2.25	3.4	3.8
折射率	1.46	2.02	1.7
介电强度/（MV/cm）	10	10	3
热导率/[$W/(cm \cdot K)$]	0.014	0.3	0.3
熔点/℃	1700	1900	2000

氮化硅（Si_3N_4） 另一种常用于半导体器件中的绝缘体是 Si_3N_4。Si_3N_4 尽管是一种硅的化合物，但是不能通过硅与氮的反应在硅表面形成，只能通过硅与氮在气相下发生反应来形成和沉积。作为一种良好的绝缘体，Si_3N_4 比 SiO_2 具有更高的密度（见表 2.4），这使得它即使在高温下也不易受到外来元素（包括氧气）的渗透。这种特性所带来的缺点是 Si_3N_4 比 SiO_2 难腐蚀得多。此外，它还具有固有的结构缺陷，这些缺陷可能会对含有 Si_3N_4 的器件的性能产生不利影响。不仅如此，Si_3N_4 与硅间形成的是低质量的界面。因此，尽管是硅的化合物，在系统需要低电荷密度的情况下，仍然不将硅与 Si_3N_4 结合使用。

氧化铝（Al_2O_3） 非晶薄膜 Al_2O_3 在半导体器件技术中所起的作用与 Si_3N_4 类似。如同在之前的讨论中已经揭示的，Al_2O_3 的单晶形式称为蓝宝石。非晶态 Al_2O_3 与 SiO_2 和 Si_3N_4 的绝缘性能相当，但是非晶态 Al_2O_3 具有更高的密度（见表 2.4），这使其成为防潮和防污染的一个强大屏障。非晶态 Al_2O_3 还具有优异的热特性（如熔点、热导率和热膨胀系数等方面），再加上极高的耐化学腐蚀性，使得 Al_2O_3 成为一种特别坚固的绝缘体。

2.9.3 专用薄膜绝缘体

除了前面讨论过的能实现各种功能的薄膜绝缘体外，还有另一类绝缘体。这些绝缘体为特定应用而被选用，要么是基于它们自身具有的一些特性（如介电常数 k 的高或低），要么是因为改变它们的化学成分后某些物理性质也会发生相应的改变。

半导体器件工程特定的需求通常要求在绝缘材料的特性方面进行选择，这些特性有助于实现包含绝缘材料的器件的功能。常用的选择标准是基于材料的介电常数 k 值。如前所述，介电常数 k 是一个用于定义材料储存电荷能力的参数。相应地，它也决定了由夹在两个导电板之间的介电层所组成电容器的电容 C。在所有其他参数相等时，k 决定了这种结构的电容，换句话说，它定义了两个导电板之间的电容耦合程度。对于 k 值高的电介质，这种耦合很强；而对于 k 值低的电介质，被这种电介质隔开的两种导电材料之间的耦合明显较弱。

在半导体术语中，介电材料之间的大致分界线是基于二氧化硅（SiO_2）的 k 值，如表2.4 所示，为 3.9。$k < 3.9$ 的电介质通常被称为 "低 k" 电介质。对于在实际器件中使用的能被称为 "高 k" 电介质的绝缘体，其介电常数需要在 $k > 15$ 的范围。在尖端半导体电子学中，要实现完整功能的器件和电路，高 k 和低 k 电介质都需要。下面分别介绍具有足够 k 值并且满足半导体器件技术要求的绝缘材料。

高 k 电介质　通常，增加电容耦合需要具有高介电常数 k 的电介质（高 k 电介质）。如将在第 3 章中进行更详细讨论的，需要高 k 电介质来确保纳米级 MOS/CMOS 晶体管中的金属 – 氧化物（电介质）– 半导体结构具有足够高的电容。虽然在一些其他器件中可能需要 k 值在 100 及以上的电介质，但在 MOS 的栅极结构中如此高的 k 值可能会带来有害的边缘效应，反而会降低晶体管的性能。因此，尖端 MOS 晶体管所用到的薄膜电介质需要的是更适中（在 20 ~ 50 的范围内）的 k 值。其中，无定形二氧化铪（HfO_2），特别是 k 约为 25 的二氧化铪，和具有相似 k 值的氧化锆（ZrO_2）（但由于其结构不具有热稳定性所以不是非常理想）较为合适。此外，硅酸铪（$HfSiO_4$）和硅酸锆（$ZrSiO_4$）也适合一些需要高 k 电介质的应用。尽管它们具有包括热稳定性在内的良好性能，但它们的 k 值低于典型应用所需要的值（低于 20）。

除了在晶体管中使用，高 k 电介质也应用于存储器件中。在这类器件中，最为关键的是在有限的电容器区域中实现高电容值的储能电容器。在某些存储器中，具有中等 k 值的材料［如氧化铝（见表 2.4）和氧化钽］就足够了，但在大多数其他存储器中，需要具有明显更高 k 值的氧化物。

根据存储单元的类型，通常使用具有 80 ~ 100 范围内 k 值的电介质，例如二氧化钛（TiO_2），或构建在二氧化钛框架上的具有铁电特性的复合氧化物。铁电体具有自发极化的特性，而电介质需要电场才能极化。与前面讨论的非晶态电介质不同，许多这样的铁电复合氧化物属于具有钙钛矿晶体结构的氧化物。这类固体的共有特征是介电常数 k 非常高，范围在数百到 1000 之间，在某些情况下甚至超过 1000。

顾名思义，复合氧化物，又称功能氧化物，是一种多元素材料。除氧外，复合氧化物还含有 2 ~ 5 种其他元素，如前所述，它们主要建立在二氧化钛的骨架上。钙钛矿结构的铁电体类别化合物具有代表性的实例包括锆钛酸铅（Lead Zirconate Titanate，简称 PZT）以及无铅钛酸锶钡（Barium Strontium Titanate，BST）。这类复合氧化物材料表现出压电特性，可以将机械应力转换成电信号。压电材料通常与本书 3.7 节讨论的半导体微机电系统（Micro – Electro – Mechanical System，MEMS）集成。

虽然复合氧化物在半导体器件工程中的潜力正得到认同，但更详细地讨论决定一大类铁氧体材料（包括复合氧化物）特性的物理现象超出了这个简要概述的范围。

低 k 电介质　与高 k 相反的是，在某些应用中，必须确保尽可能弱的电容耦合，以尽可能地限制电隔离的相邻导线间的串扰。在这种情况下，需要使用介电常数 k 值尽可能低的绝缘材料，即 k 值低于 3.9 并尽可能接近 1（空气介电常数）。这种情况出现在先进集成电路（见 3.5 节）的多层金属布线（multi – layer metallization scheme）中，其中使用低 k 层间电介质（Inter – Layer Dielectric，ILD）对金属线进行电绝缘。最先进的高频集成电路要求 ILD 的 k 值低于 2.0。

降低绝缘体的 k 值可以用三种不同的方法。首先，可以通过改变材料的化学成分来降低 k 值。例如，将氟（F）添加到二氧化硅（SiO_2）中，取决于所采用的工艺，会导致 k 从 3.9 减少到约 3.0。第二种方法是用特定的有机固体作为低 k 电介质，根据介电材料的不同可以将 k 值从约 3.0 降到约 2.0。聚酰亚胺、聚合物、碳基化合物以及聚四氟乙烯都可用于此目的。第三种方法是在电介质结构中引入孔隙。考虑到空气的 k 为 1，将空气间隙包含到诸如 SiO_2 之类的材料中，可以将其 k 值降低到接近 1。不过在如此高的孔隙率下，薄膜电介质的机械粘结性是一个需要解决的问题。

2.10　薄膜导体

除了绝缘体外，导体在半导体器件技术中也是不可或缺的。第 1 章从基本物理性质的角度讨论了导体、绝缘体和半导体之间的区别。在半导体器件技术中，导体的作用是提供允许电流流入和流出器件的低电阻接触，并在集成电路中形成连接器件的高导电率互连线。需要强调的是，对于接触来说，导体的选用取决于形成接触所用的半导体材料（见下一章欧姆接触和肖特基接触的讨论）。此外，在半导体器件中，仅使用薄膜形式的导体，所以强调的也仅是与薄膜形式相关的材料特性。

本节将简要回顾半导体器件应用中用作导体的最重要材料，包括金属、金属合金和非金属导体。

2.10.1　金属

在正常条件下，金属在固体中具有最高的导电性，也因此金属广泛地被用作半导体器件和电路中的导体。然而，为了在这种要求非常苛刻的应用中使用，除了是优良的电导体外，金属还必须满足其他严格的要求。其中，以下几点尤为关键：①在存在高密度电流的情况下，关键物理性质不能发生变化，包括金属原子的不受控制的迁移（称为电迁移）；②容易沉积并且容易通过刻蚀去除；③与发生物理接触的材料不存在不受控制的化学/电化学反应；④与器件结构中涉及的各种固体存在良好的粘附性；⑤耐高温；⑥结构上的均匀性，不存在晶粒或其他缺陷。

周期表中没有一种单一金属元素完全符合上述要求。然而，由于上述所列的要求并非在所有应用中都具有同等重要性，所以总存在一些金属在某些特定应用中表现的足够好而在另一些应用中却并不合适。表 2.5 列出了在半导体器件工程中使用的一些金属，并从器件技术的角度说明了它们的缺点。在半导体器件技术所用到的金属中，铜（Cu）具有最低的电阻率/最高的导电率，但由于表 2.5 中列出的缺点，其仅在先进集成电路中用于形成互连线（见第 5 章）。

表 2.5　部分半导体技术中所用金属的特性（300K 下，所列数据仅供比较且可能因薄膜沉积方法不同而异）

材料/特性	电阻率/ （$\mu\Omega \cdot cm$）	熔点/ ℃	缺　　点
铜（Cu）	1.7	1084	化学活性高，硅的污染物，难以沉积/刻蚀
金（Au）	2.3	1063	难以刻蚀，硅的污染物
铝（Al）	2.7	660	电迁移，耐温性差
钨（W）	5.6	3422	难以沉积/刻蚀

　　历史上，铝（Al）是半导体器件技术中最常用的薄膜金属。它具有很高的导电性，可以很容易地沉积和刻蚀，在正常条件下对于相关半导体呈化学中性。由于所有这些原因，铝在器件应用领域仍然举足轻重，但由于电迁移问题或较差的耐温性，或两者兼而有之，铝在其他一些器件中的应用受到限制。除了铝之外，尽管存在成本上和工艺上的挑战（难以刻蚀），金（Au）通常被用作各种化合物半导体的接触材料。然而，在硅中并非如此，硅很容易被金穿透而导致严重影响硅中载流子输运的缺陷的形成。

　　钨（W）在所有金属中具有最高的熔点（3422℃），以钨代表的耐火金属不仅因非凡的耐温性，而且以高硬度和优秀的耐腐蚀性而为众人所熟知。它在互连技术中起着作为通孔材料的重要作用（见第 4 章）。

2.10.2　金属合金

　　为了改善金属的特性和多功能性，一些金属会被加工成合金，或者经过化学改性以使它们与特定工艺或器件的需求相适应。最常见的是硅与选定的金属形成金属硅化物，用于在硅器件中与硅形成欧姆接触。如图 2.21a 所示，该工艺的第一步是在硅表面沉积厚度为 x 的金属薄膜。随后，将温度升高到硅和金属相混合形成合金。这个工艺通常被称为烧结。它发生的温度称为烧结温度，是任何给定的硅 - 金属合金系统的一个重要特征参数。另一个由工艺定义的特征参数为烧结过程中金属渗入硅的深度，如图 2.21b 中的 y 所示。在硅化工艺的最后一步中，通过刻蚀去除硅化物顶部剩余的未反应金属，留下厚度为 z 的硅化物层（见图 2.21c）。

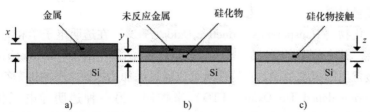

图 2.21　硅化物的形成过程：a）沉积金属；b）烧结；c）除去未反应金属

　　一般来说，将硅化物作为硅的欧姆接触是让人感兴趣的，因为它①易于在硅表面图案化，②与低电阻率金属（如铝、金）相比具有优异的耐温性，以及③电阻率与耐高温金属相当或低于耐高温金属，但耐高温金属由于熔点高而难以加工。

　　下面列举几种可与硅形成合金的金属。选择形成硅化物的金属的首要标准在于硅化物的电阻率、烧结温度（越低越好）和合金渗入硅的深度，即图 2.21b 中的 y（一般来说越浅越好）。常用的硅化物包括硅化镍（NiSi），其电阻率约为 $16\mu\Omega \cdot cm$，它在众多硅化物中烧结温度最低（在 500℃左右），且硅化过程中对硅的穿透深度较浅。在其他硅化物中，硅化钛（$TiSi_2$）的电阻率在 $15\mu\Omega \cdot cm$ 左右，但烧结温度大约 800℃（比 NiSi 高）。它对硅的穿透深度也比 NiSi 深。硅化钴（$CoSi_2$）表现出与 $TiSi_2$ 相当的特性。

如前所述，在任何给定的金属中添加外来元素以提高其在特定器件应用中的性能是常见的步骤。例如，氮通常被添加到钛中形成氮化钛（TiN），这是半导体工程中最常见的金属合金之一。除钛外，其他难熔金属，如钽（Ta）、钨（W），与氮形成的合金氮化钽（TaN）、氮化钨（WN）也可用于接触应用。除此之外，可以在铝和其他一些金属中添加少量的硅来改变它们的性质，以改善给定金属与某些半导体器件的兼容性。

2.10.3　非金属导体

虽然金属无疑是导电性最好的材料，但在半导体器件的制造中，金属并不是唯一的导电体。在某些情况下，金属的非常高的电导率（低电阻率）为代表的益处与使用选定的非金属导体的器件性能相比，优势会打个折扣。这种非金属导体的两个例子是多晶硅和透明导电材料。

多晶硅　正如下一章讨论所将揭示的，导电的多晶形态的硅，简称多晶硅，由于化学上相同材料的多晶和单晶两种晶体学形式之间的功函数相似，因此多晶硅在某些类型的单晶硅基晶体管中是理想的薄膜接触材料。不同之处在于多晶硅导体的电阻率通常在 $800\mu\Omega \cdot cm$ 左右，比用于制造功能器件的传统单晶硅的电阻率低大约四个数量级。

极低的电阻率并不是多晶硅的固有特性。它的低电阻率是通过第 1 章讨论的掺杂过程来实现的。在薄膜沉积过程中或沉积过程完成后，高浓度的掺杂原子被引入多晶硅中。有关相关处理步骤的更多详细信息，请参见第 5 章的讨论。

透明导电材料　一些重要的半导体器件的工作需要与进出器件的光进行无干扰的相互作用。即使厚度极薄，即低于 10nm 的厚度范围内，金属也可能对可见光光谱部分的光不够透明，以致无法确保此类器件的正常运行。这一限制主要阻碍了金属作为电接触材料在某些基于光吸收或光发射的光子器件中的应用。作为替代，通常使用电的良导体且同时对光透明的薄膜材料作为接触材料。

透明导电氧化物（Transparent Conductive Oxide，TCO）在透明电子学和光子学中起着特殊的电接触作用，其中前面提到过的分子式为 In_2O_5Sn 的氧化铟锡（Indium Tin Oxide，ITO）是商用器件中最常用的薄膜 TCO。它的性质可以通过添加诸如氟之类的掺杂剂从而得到掺氟的氧化锡（Fluorine doped Tin Oxide，FTO）来控制。另一种透明导电氧化物是氧化锌（ZnO）。尽管氧化物这个名称典型地都是和绝缘材料相联系，但 ZnO 是本章前面讨论的 II - VI 族化合物半导体。与 ITO 类似，ZnO 的化学组成可以通过掺杂，比如铝，来改变其电气和光学特性。

除 TCO 外，还可选择导电聚合物作为透明导电材料，通过对这些材料成分的调节可以达到对可见光 90% 或更高的透明度。这类材料是基于聚乙炔、聚苯胺及其他已开发的聚合物。

除了机械上连贯的透明导电薄膜外，透明和高导电性还可以通过使用纳米材料系统来实现，如 2.3.3 节中讨论过的一维碳纳米管或二维石墨烯。

关键词

英文	中文名称	英文	中文名称
amorphous material	非晶材料	gettering	吸杂
amorphous silicon	非晶硅	graded layer	渐变层
antimonide	锑化物	grain boundaries	晶界
area defect	区域缺陷	heterobonding	异质键合
arsenide	砷化物	heteroepitaxy	异质外延
ballistic transport	弹道输运	hexagonal crystal	六方晶体
bandgap engineering	带隙工程	homobonding	同质键合
bottom – up process	自下而上工艺	homoepitaxy	同质外延
buffer layer	缓冲层	inorganic semiconductor	无机半导体
bulk wafer	体晶圆	insulator	绝缘体
buried oxide	埋氧层	inter – layer dielectric (ILD)	层间介质（ILD）
carbon – based compound	碳基化合物	lattice constant	晶格常数
chemical transition	化学转变	lattice matching	晶格匹配
complex oxide	复合氧化物	lattice mismatch	晶格失配
critical thickness h_c	临界厚度 h_c	lattice mismatched epitaxy	晶格失配外延
crystal lattice	晶格	long – range stacking order	长程有序
crystal seed	籽晶	magnetic semiconductor	磁性半导体
crystal	晶体	metal alloy	金属合金
cubic class of crystal	立方晶系晶体	metal silicides	金属硅化物
dangling bond	悬挂键合	mobile ion	可移动离子
dedicated thin – film insulator	专用薄膜绝缘体	MOS/CMOS transistor	MOS/CMOS 晶体管
denuded zone	剥蚀区	multi – purpose thin – film insulator	多用途薄膜绝缘体
diamond crystal lattice	金刚石晶格	multicrystalline material	多晶材料
dielectric constant k	介电常数 k	nanocrystalline quantum dot	纳米晶量子点
dielectric strength	介电强度	nanodot	纳米点
dielectric	电介质	nanotube	纳米管
electromigration	电迁移	nanowire	纳米线
epitaxial deposition	外延沉积	native oxide	天然氧化物
epitaxial layer (epi layer)	外延层	near – surface region	近表面区
epitaxy	外延	non – metallic conductor	非金属导体
face – centered cubic (f. c. c.) cell	面心立方晶胞	organic material	有机材料
ferroelectric properties	铁电特性	organic semiconductor	有机半导体
ferroelectric	铁电体	oxide	氧化物
ferroic material	铁电材料	perovskite structure	钙钛矿结构
functional oxide	功能氧化物	physical damage	物理损伤

（续）

英文	中文名称	英文	中文名称
piezoelectric	压电材料	sub – surface region	亚表面区
polycrystalline material	多晶材料	substrate	衬底
pseudomorphic film	赝晶膜	superlattice	超晶格
quantum dot	量子点	surface	表面
quantum well	量子阱	surface passivation	表面钝化
radiation hardness	辐射强度	surface roughness	表面粗糙度
relaxed lattice	弛豫晶格	surface state	表面态
seeded sublimation	籽晶升华	surface termination	表面终止
semiconductor	半导体	thermal conductivity	导热系数
semiconductor periodic table	半导体周期表	thin – film	薄膜
Semiconductor – on – Insulator	绝缘体上半导体	top – down process	自上而下工艺
single – crystal	单晶	transparent conducting material	透明导电材料
small molecule（monomer）	小分子（单体）	tunneling	隧穿
solid – state epitaxy	固态外延	two – dimensional electron gas（2DEG）	二维电子气
spintronic	自旋电子	unsaturated bond	不饱和键合
strain energy	应变能	wafer engineering	晶圆工程
strained layer heteroepitaxy	应变层异质外延	wide – bandgap	宽带隙
structural transition	结构转型		

第 3 章

半导体器件及其使用

章节概述

在过去 60 年以来，半导体作为一类材料在我们技术文明的爆炸式增长中扮演着不可或缺的关键角色。这一增长背后的主要驱动力正是摩尔定律所描述的数字集成电路（IC）技术的空前进步。

不过近年来，可以观察到与上述模式的背离，即集成电路技术的进步比以往更明显地伴随着不同的、容易识别的半导体技术领域的加速发展，这些领域与逻辑和存储器（数字）集成电路技术只是部分相关或根本无关。

本章目的是列举半导体器件的主要类别，讨论它们的工作原理，并通过半导体器件的主要用途来说明它们是怎样促进半导体电子学和光子学的发展的。

本章首先概述半导体器件的构造原理。随后，考虑双端半导体器件（二极管）和三端器件（晶体管），以及为各种各样的光电应用而设计的不同种类的半导体二极管，如发光二极管（Light Emitting Diode，LED）和太阳能电池。在专门讨论晶体管的章节中，强调了金属－氧化物－半导体（MOS）结构在构建互补 MOS（CMOS）的组成单元 MOS 场效应晶体管（MOSFET）中的重要性。此外，还介绍了薄膜晶体管（TFT）版本的 MOSFET。本章用单独的一节专门介绍了集成电路的概况，它是我们日常生活中使用的电子系统和消费产品的核心。

在本章的其余部分，我们将讨论半导体成像器件（图像显示和图像感知），以及利用硅的特殊机械特性的微机电系统（Micro－Electro－Mechanical System，MEMS）。本章的最后一节将简要介绍可穿戴和可植入半导体器件系统。

本章中穿插着半导体器件在日用消费品和工业产品中的具体应用事例，充分展现 21 世纪的人们对半导体科学和工程的依赖程度。

3.1 半导体器件

除非将上一章中所讨论的半导体及其他材料设计为功能性器件，否则不能起到有实际意义的作用。这里的"半导体器件"是指将半导体材料的片或薄膜根据需要与绝缘体、导体的薄膜组合，其构建方式使所得到的材料系统能够以可控的方式实现预定的电子、光子或机电功能。电子功能由电子器件执行，电子器件的工作基于载流子的相互作用，其中电子充当信息、能量载体。光子器件一词指涉及光子（光携带的电磁能量为 $h\nu$ 的 "包"）相互作用的器件，其中光子充当信息、能量载体。机电器件则利用了一些半导体材料的机械特性，特别是硅的弹性和断裂韧性（fracture toughness）等特性。与仅涉及半导体材料系统内相互作用的电子和光子功能不同，机电功能需要能将机械作用转换为电信号的固体参与，反之亦然（例如压电体，见 2.8 节中的讨论）。

图 3.1 简要地说明了上述三类半导体器件的工作原理。对于电子器件，输入和输出都为电信号，因此这些器件被设计为电信号处理器件。对于光子器件，依据讨论的目的区分了两种类型的相互作用。第一种情况，装置将输入的电信号转换为光（发光装置），而第二种情况与第一种情况相反，由诸如太阳能电池之类的光转换器件来实现。最后一类器件，用半导体材料构建的机电器件对应力做出机械响应，随后被集成的压电材料转换为电信号；也可以采取相反的转换，即从电信号得到机械响应。

下面的讨论涵盖了图 3.1 中所定义的半导体器件基本类型的基础知识，用通俗的语言介绍了它们的工作原理，并考虑了器件结构的特定方面。与本书所涉及的范围一致，这些讨论本质上也是定性的，除了第 1 章介绍的基本概念外，不涉及器件工作的半导体物理基础知识。此外，它并不试图阐述不断扩大的半导体器件设计和功能上的多样性。相反，这里所讨论的半导体器件的范围仅限于分立和集成器件的概述，这些器件充分地代表了半导体电子学和光子学的当前和新兴趋势。

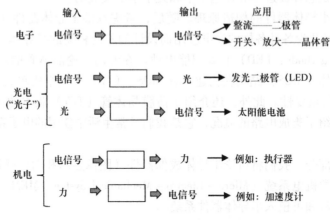

图 3.1　基于输入和输出信号划分的各类半导体器件

3.2　构建半导体器件

在将半导体材料制造为功能器件的过程中，需要包括两个基本要素。首先，需要确保电流能够以不受干扰的方式流入和流出半导体器件。为了实现这个要求，需要在器件的输入和输出端形成欧姆接触。在具有欧姆接触的前提下，半导体器件的第二个特点是具有控制流经器件的电流的能力。为了实现这个特性，则必须在器件结构中内建一个势垒。本节将讨论构成半导体器件的组件中欧姆接触和势垒的概念。

3.2.1　欧姆接触

欧姆一词来源于德国物理学家乔治·欧姆（1789—1854）的名字，欧姆接触在半导体领域中指的是金属和半导体之间具有非常低电阻的电接触（见图 3.2a）。欧姆接触的主要作用是允许电流以任何方式、不受干扰地流入和流出器件，而不管施加电压的方向如何。这样，器件与外部电路间的连接就不会干扰到器件的工作。在欧姆接触的条件下，电势 V 沿着样品长度恒定分布（见图 3.2b）。流过器件的电流随偏置电压的变化而变化，如图 3.2c 所示，但在温度和光照恒定的条件下，这种器件的电阻不依赖于施加的电压大小及方向。这一特点可以从图 3.2c 所示的 $I-V$（电流－电压）曲线的恒定斜率中得到体现。

要与任何给定的半导体形成欧姆接触，选择恰当的金属至关重要。目的是选择合适的金属使得它和与之接触的半导体这两种固体的功函数（见图 1.5）相同（或至少非常接近）。只有这样，处于物理接触状态的两种材料的费米能级才能对齐，载流子从金属到半导体以及从半导体到金属的流动才不会受到干扰。

在图 3.1 中所列出的各种半导体器件基本上都包括欧姆接触，其作用是确保电流不受干扰地流入或流出器件。然而需要指出的是，即使金属和半导体之间具有匹配的功函数，电接触也可能达不到要求。这是因为在形成欧姆接触过程中遇到的任何材料或工艺缺陷都会对其 $I-V$ 特性（见图 3.2c）的线性度、对称性和斜率减小（reduced slope）产生不利影响，所有这些都可能导致器件的功能故障。总之，呈现欧姆特性的金属－半导体接触的加工并不是一个小问题，需要注意制造过程的每一个细节。最终加工的结果应该是欧姆接触对流动的电流来说是"透明"的，这意味着输出电流值的任何变化只应是半导体内部电势分布变化的结果，并且欧姆接触不会引起任何电流的改变。

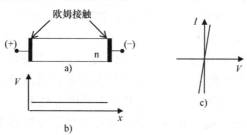

图 3.2　a）具有欧姆接触的半导体材料；b）电势沿具有欧姆接触的
半导体均匀分布；c）完全对称输出的电流－电压特性

3.2.2　势垒

一般来说，半导体器件的工作原理是改变可供传导的自由载流子的浓度或产生影响载流子流动的势垒，从而控制流经半导体器件的电流。在图 3.2 所示的器件中，电流随外加电压线性增加。但在恒温和黑暗条件下，由于载流子的浓度和分布不变，其电阻不变。图 3.2a 中的一块半导体具有欧姆接触，欧姆接触起到一个简单电阻的作用，显示出对称的、独立于外加电压方向的$I-V$特性（见图3.2c）。在图3.2a中的器件上设定偏置电压并照射能量$E > E_g$的光会增加自由载流子的浓度，从而降低其电阻，但$I-V$特性曲线的对称性保持不变。在这种情况下，器件起到了类似于光敏电阻的作用。当器件的温度升高到足以产生额外的自由电荷载流子时可以观察到类似的效果，即导致器件电流的增加，并使其充当被称为热敏电阻的器件。

虽然可用作光或温度传感器，但无论是光敏电阻还是热敏电阻都不能作为改变施加偏压方向从而改变流过两端电流的器件。为了实现具有非线性、非对称电流-电压（$I-V$）特性的压控半导体器件，必须在具有欧姆接触的半导体材料中形成势垒。势垒的高度取决于施加的电压，这样就可以用来控制器件电流。

有许多方式可以在半导体器件内部形成势垒，势垒的来源和使用方式不仅决定了有源半导体器件的电特性，而且还决定了每个器件所属的类别。

一般来说，当半导体与其他具有不同功函数的材料物理接触时，就会形成势垒。势垒的形成原因可以是半导体与具有不同功函数的半导体之间的接触，也可以是半导体与金属或具有不同功函数的其他导体之间的接触，还可以是通过半导体和绝缘体之间的接触，然而在这种情况下，非导电绝缘体的存在而不是由接触材料之间的功函数差异引起的势垒决定着电流-电压特性。

在半导体中产生势垒最直接的方法是使两个具有不同功函数的半导体产生接触。实际上，它们可以是两块相同的材料，例如硅，只要它们中的每一块都以不同的水平掺杂和/或具有不同的导电类型（p型半导体和n型半导体）从而具有不同的功函数。图3.3中的示意图显示了当p型和n型半导体接触形成称为p-n结的结构时，在没有电压偏置的情况下在半导体中是如何形成势垒的。

当n型和p型材料接触后（见图3.3a），材料中存在一种抹平大的浓度梯度的趋势（在结的n型部分存在高浓度电子和在结的p型部分存在高浓度空穴）将强制电子从n型区域流向p型区域，空穴从p型区域流向n型区域。留下的不可移动的施主离子和受主离子（见1.2节）在结附近形成空间电荷区，由此产生的不断增强的电场最终阻止了载流子的进一步流动。为了维持结两边的热平衡（$np = n_i^2$），其两侧的能级将重新排列使得n型和p型区域具有不同的电势，从而导致结两边产生电势差从而形成势垒V_b（见图3.3b）。所形成结的宽度W对应于空间电荷区的宽度，在该空间电荷区中结形成过程中建立的电场会肃清该空间电荷区中的任何自由载流子。

这种操作的优点是势垒一旦形成，其空间电荷区的高度V_b和宽度W可以通过改变加在结上的电压来改变。反向偏压施加在p型区时（$V < 0$）会引起势垒高度的增加，这会阻止多数载流子流过，而仅允许少量少数载流子流过⊖（见图3.3c）。对于反向电流的控制只能达到反向电压的某个值⊖，超过该值时p-n结发生击穿，会造成电流不受限制地流过p-n结。在p型区域施加正向偏压（$V > 0$）会降低势垒高度并允许多数载流子电流流过结（见

⊖　即反向电流。——译者注

⊖　即反向击穿电压。——译者注

图 3.3c）。图 3.3c 所示的 p – n 结的非对称整流电流 – 电压特性显示了其类似于二极管的特性，在电子电路中有着广泛的潜在应用。在这些应用中，基于 p – n 结的器件被称为双极器件，因为多数和少数载流子都对流经结的电流有贡献。

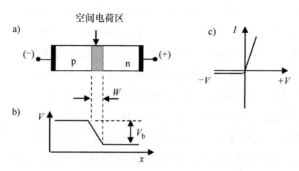

图 3.3　a）p – n 结器件；b）p – n 结处的势垒；c）整流的电流 – 电压特性

　　形成势垒的 p – n 结的另一种方法是将具有不同功函数的半导体和金属接触，形成金属 – 半导体接触（见图 3.4a），也称为肖特基接触（以德国物理学家沃尔特·肖特基命名，1886—1976）。如图 3.4b 所示，在这种情况下，接触材料的功函数的差异改变了器件两端的电势分布，并在肖特基接触处形成了势垒为 V_b 和宽度为 W 的空间电荷区（请比较图 3.2 中具有两个欧姆接触的器件以及图 3.4 中具有肖特基接触和欧姆接触器件的电势分布）。与 p – n 结类似，施加在肖特基结上的反向偏置电压（在 n 型半导体的情况下，加在金属上的 $V < 0$）增加了势垒的高度，并阻止了多数载流子从半导体流向金属（见图 3.4c）。正向偏置电压降低接触处的势垒，并允许多数载流子流从半导体流向金属。与 p – n 结类似，其结果是非对称的整流电流 – 电压特性，如图 3.4c 所示。

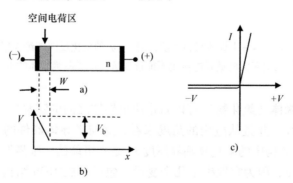

图 3.4　a）肖特基金属 – 半导体接触；b）金属 – 半导体接触处的势垒；c）整流的电流 – 电压特性

　　由于在图 3.4 所示的器件的工作中仅涉及多数载流子，因此基于肖特基接触的器件被称为单极器件。p – n 结和金属 – 半导体结之间的另一个区别是在后一种情况下，势垒高度不仅由金属和半导体之间的功函数差控制，而且还由半导体的表面态密度（表面的晶体缺陷或吸附原子导致）所控制。另外，对于 p – n 结和肖特基接触，电荷载流子在势垒上的传输机制也不同，但对其讨论超出了本书的范围。

形成势垒的第三种方法是将半导体与绝缘体接触，从而改变半导体在紧邻绝缘体界面区域的电势分布。为了将这种结构转换成电流控制装置，需要在绝缘体的表面形成金属接触，从而转换成金属 – 绝缘体 – 半导体 ［Metal – Insulator – Semiconductor，MIS，更常用的是同义术语金属 – 氧化物 – 半导体（Metal – Oxide – Semiconductor，MOS）］，同时在半导体背面形成欧姆接触（见图 3.5a）。MOS 器件与 p – n 结、肖特基接触结构之间的区别在于如图 3.5b 中所示的厚度为 x_{ox} 的绝缘体，前者是通过控制其厚度来控制穿过 MIS 器件的电流，而不是像后两者那样是通过控制势垒的高度。在绝缘体 x_{ox} 超薄（小于约 3nm）的情况下，电流可以在金属和半导体之间通过隧穿效应流过绝缘体，这样的 MOS 结构相应地被称为 MIS（MOS）隧穿器件。隧穿（见第 1 章）是一种电荷载流子的传输机制，允许电子在不改变其自身能量的情况下穿过与夹在金属和半导体之间的绝缘体相关的势垒（见图 3.5b）。MIS（MOS）隧穿器件的非对称 $I – V$ 特性类似于 p – n 结（见图 3.3c）和肖特基接触（见图 3.4c）的特性，但 MIS（MOS）隧穿器件的 $I – V$ 特性不具有令人满意的整流特性，因此无法用于实际应用。

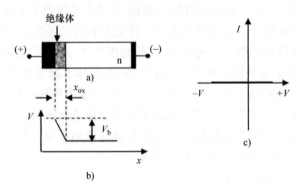

图 3.5　a）绝缘体 – 半导体材料系统；b）电势的变化反映了绝缘层上的压降；
c）无论多大的偏置电压也不能形成流经足够厚绝缘体的电流

由于足够厚的绝缘体（氧化物）可以阻止两个导体之间的隧穿电流，图 3.5a 中所示的结构呈现电容器的特性，并且从应用的角度来看，这与半导体器件的隧穿结构类型截然不同。精确地定义 MOS 结构中的氧化物临界厚度 x_{ox} 是不可能的，临界厚度就是从类二极管特性到电容特性的变化点，因为它取决于几个变量，包括构成 MOS 结构的材料的选择和偏置电压。然而，为了便于讨论，我们假设氧化物的临界厚度在 3 ~ 4nm 范围。从这个视角看，MOS 隧穿器件可视为介于肖特基接触（氧化物厚度 $x_{ox} = 0$）和 MOS 电容（氧化物厚度 $x_{ox} > 3nm$）之间的结构，这将在本节后面进一步讨论。

正如下面讨论将揭示的那样，上述势垒形成的方法，即 p – n 结、肖特基接触、MOS 结构，基本上是构建所有有源半导体器件的基础。

3.3　两端器件：二极管

"端口"这个术语是指电子电路中器件与外部电路建立连接的点。具有两个端口的器件代表了最简单，但在许多方面又非常重要的一类半导体器件。

上一节讨论的具有整流电流 – 电压（$I-V$）特性的两端器件统称为二极管。根据结的不同，可分为 p – n 结二极管和肖特基二极管。此外，金属 – 氧化物 – 半导体（MOS）电容器完善了两端半导体结构家族，组成了独立的一类半导体器件，同时也是三端器件（即晶体管）发展的基础。

3.3.1　二极管

由于在实际应用中，p – n 结二极管最为重要，故本节对半导体二极管的讨论主要集中在 p – n 结二极管，并只在涉及特定应用时提及肖特基二极管。

首先，需要强调的是，在功能性器件中，不可能以图 3.3 中所示的方式形成 p – n 结。实际上，这类器件是通过将 n 型半导体的一部分掺杂成 p 型（或 p 型一部分掺杂成 n 型），或将 p 型沉积在 n 型（或 n 型沉积在 p 型衬底上）来形成的。无论上述哪种方式，形成的结都平行于晶圆表面，并且在晶圆的前表面和后表面上形成两个端口（见图 3.6a）。同样的讨论也适用于图 3.6b 所示的肖特基二极管。

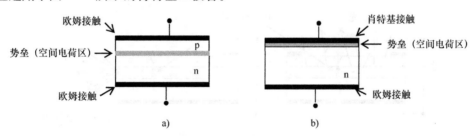

图 3.6　基于 a）p – n 结和 b）肖特基接触的二极管器件

电子二极管　在电子电路中，二极管主要用作将交流电（AC）转换为直流电（DC）的整流器。p – n 结二极管的这一特性使得其在任何类型的电源和充电器中都必不可少，这些电源和充电器用于电话、计算机、电视、收音机以及其他任何固定或便携式电子设备中。对于特殊用途，包括工作于高频（微波）区域的二极管，根据实际需要，p – n 结二极管可设计为齐纳二极管、变容二极管和隧穿二极管。

一般来说，用于制造二极管的半导体材料的选择取决于其指定的应用。例如，在高频条件下工作的二极管，通常选择具有高电子迁移率的材料；而设计用于大功率、高温条件下工作的二极管则使用宽禁带半导体（如碳化硅或氮化镓）制造。在无数半导体二极管的传统应用中，硅仍然是最常用的半导体材料。

在二极管种类方面，p – n 结二极管在主流电子应用中占据主导地位。肖特基二极管的制造限于某些化合物半导体，因为这些化合物半导体不容易掺杂，很难形成 p – n 结。

　　除了电子应用外，二极管结构在将电流转换为光的光子器件（见图3.1）和将光转换为电流的器件（太阳能电池和光电二极管）领域也占据主导地位。它们共同构成了半导体工程领域的主要组成部分。

　　发光二极管　将电流转换为光的双端半导体器件称为发光二极管（Light Emitting Diode，LED）。在 LED 中，注入器件的电流提供载流子，这些载流子随后发生自发复合，并在称为电致发光的过程中以光的形式释放能量。

　　在由间接带隙半导体（如硅）构成的 p-n 结二极管中，电子-空穴复合产生的能量主要以称为声子的振动波形式释放，声子在固体晶格中散热。因此，硅基 LED 的效率较低，不过这也不能完全排除硅在 LED 中的应用。如果复合是发生在用直接带隙半导体（如Ⅲ-Ⅴ族化合物 GaAs、AlGaAs 或 GaN）构建的 p-n 结二极管中，产生的能量以携带能量的光子形式释放出去，对应的波长位于电磁波谱中的可见光部分（见图1.8b）。

　　图3.7 简要说明了 LED 如何工作。当二极管正向偏置时，组成电流的电子和空穴在结的空间电荷区内重新复合，能量以光（光子）的形式释放。根据二极管的结构，所产生的光可以如图3.8a 所示沿垂直于结平面和表面的方向上发出；或者在结平面上沿平行于表面方向发出，如图3.8b 所示。这两种类型的 LED 分别称为表面发射 LED（Surface Emitting LED，SELED）和边缘发射 LED（Edge Emitting LED，EELED）。前者的二极管结构具有将产生的光导向顶面的薄膜镜。尽管在结构上可能更加复杂，但 SELED 可以比 EELED 更有效地与波导耦合，这种耦合在将 LED 集成到光学系统的过程中是必需的。

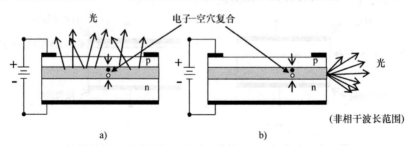

图3.7　LED 的工作原理：a）表面发射 LED（SELED）；b）边缘发射 LED（EELED）

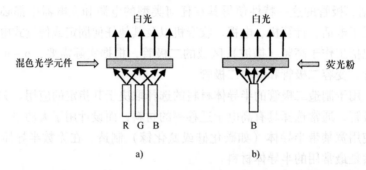

图3.8　LED 产生白光的两种机理：a）RGB 白光 LED，使用紧密排列的红、绿、蓝二极管和合适的混色光学元件产生白光；b）荧光白光 LED，使用荧光粉和蓝光 LED 产生白光

通过自发复合发射的光子能量 $h\nu$ 就等于用于制造 LED 的半导体能隙 E_g。发射光的波长 λ 可使用第 1 章中介绍的关系式 λ（μm）$= 1.24/E$（eV）进行计算。然而，由于二极管内部对产生的光进行处理的方式，发出的光束是非相干的并且不完全是单色的，这意味着它可能包含着多个单一波长。这与本节后面讨论的激光二极管形成对比。

人眼可见的电磁波谱波长范围为 390～700nm。根据表 2.2 中给出的各种Ⅲ - Ⅴ族半导体的 E_g 值，我们可以看到当带隙能量从 3.5eV（GaN）到 1.43eV（GaAs）变化时，对应的波长分别为 360nm 和 870nm，无论是二元、三元还是四元的Ⅲ - Ⅴ族化合物，均能够覆盖整个可见光谱和部分不可见红外光谱。

从人类视觉的角度来看，原色，也就是红色（$\lambda = 620～750$nm）、绿色（$\lambda = 495～570$nm）和蓝色（$\lambda = 450～495$nm）或简称 RGB，经过适当的混合可以产生整个颜色范围。红光 LED 可以使用铝镓砷（AlGaAs）来设计，绿光 LED 可以使用铝镓铟磷（AlGaInP）来实现，而蓝光 LED 则需要使用 GaN 等宽带隙半导体。这些例子表明，LED 工程在很大程度上依赖于将Ⅲ族和Ⅴ族元素加工成二元，甚至加工成复杂的三元和四元化合物的技术。

RGB 方法的基本原理是，当将红光、绿光、蓝光 LED 彼此靠近放置，并适当调整每个二极管的输出时，将产生可见的白色灯光。这是一个工程上白光 LED 的解决方案（见图 3.8a），也是 LED 照明技术的核心。另一种方法是将蓝光 LED 和包含所需成分的荧光粉组合在同一灯泡外壳中（见图 3.8b）。部分 LED 发出的蓝光照射在荧光粉上能通过光致发光效应而激发出具有宽功率谱分布的黄光。剩余的蓝光与黄光混合使得二极管发出的光看起来是白光。不管用哪一种方法，由于效率远远高于任何其他白光光源，特别是白炽灯，故 LED 灯泡在商业和住宅照明领域占据主导地位。

有机发光二极管（Organic LED, OLED）利用有机半导体作为电致发光材料，在 LED 领域起着特殊的作用。OLED 在固态照明应用中实现的独特功能归功于其固有的机械上的柔性，因为有些照明设备的设计无法用刚性衬底上形成的无机半导体 LED 来实现。

LED 在我们日常生活中的另一个非常常见的应用是平板显示技术。在大型明亮的户外显示屏、广告牌、平板电视屏幕、PC 显示器、移动设备或商店和目的地标志牌中，LED 的发光特性都被用来产生图像。LED 显示屏的像素是由密集排布的红光、绿光和蓝光（RGB）LED 组成的有源矩阵，每个像素单元都是由与之集成的、将在 3.4.6 节中讨论的薄膜晶体管（TFT）单独驱动的。如果需要，LED 显示屏还可以配备触摸屏功能。

与基于 LED 的照明类似，在 LED 显示技术中，有机 LED（OLED）在从小规格的手机显示到大规格的电视显示器的一系列显示应用中都发挥着独特的优势。当使用柔性衬底时，OLED 技术可以实现柔性显示器，从而使半导体显示应用在方便性和多功能性方面达到不同的水平。

OLED 的工作原理是基于与传统无机 LED 不同的物理效应。OLED 是基于激子到基态的衰变（以及在此过程中能量的释放），激子是通过电子和空穴传输材料从金属和 ITO 触点注入结区的电子和空穴之间的相互作用形成的。这与无机 LED 由于电子 - 空穴对的带间复合引起的发光不同。

激光二极管　传统 LED 是非相干光源，这意味着 LED 不会产生聚焦光束，并且不是完全单色的，或者换句话说，LED 光具有围绕主强度线的一系列波长，也因此具有一定范围的能量（见图 3.7）。这一特性并不妨碍 LED 在上述应用中的实用性，但在需要高度相干（聚焦）和单色（单波长）光束时是一个局限。为了实现这两个特性，需要将传统的 LED 改进为半导体激光器或激光二极管［术语"LASER（激光）"是"Light Amplification by Stimulated Emission Radiation（受激辐射光放大）"的缩写］。所述改进的目的是除了传统 LED 赖以工作的自发辐射之外，为在无机半导体 p-n 结的受激辐射创造条件。连续的自发辐射和受激辐射会引发激射，它是通过光学放大产生高强度、高相干并且单色的光束。

为了加强激光作用，二极管的主体需要包括一个光学腔，并且在结的 p 型和 n 型部分之间需要形成一层非常薄的本征材料以组成所谓的 p-i-n 二极管。图 3.9 显示了激光二极管的简化示意图。它由与传统 LED 相同的直接带隙Ⅲ-Ⅴ族半导体化合物构建，其材料的选择与 LED 的情况一样取决于发射光所需的波长（颜色）。如图 3.9 所示，激光二极管的一个决定性特征是存在反射侧壁不停反射所产生的光子，进而产生更多的电子和空穴，从而在复合时产生更多的光子。所有这些额外生成的光子都是同相的，从而得到相干的单色光束。与传统的 LED 不同，这种光束横截面上的功率分布均匀。

激光二极管是不胜枚举的应用中的关键部件，其最重要的用途包括光纤通信、外科手术、光学存储器、条形码阅读器、激光笔、CD/DVD/Blu-ray 光盘读取和记录设备。这里列举的仅是部分激光二极管应用的例子。

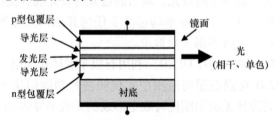

图 3.9　典型激光二极管的基本结构

太阳能电池　光伏（photovoltaics，PV）一词是指通过光伏效应将太阳光直接转化为电能的技术领域，光伏效应是半导体太阳能电池工作的一种基础效应。而 LED 是通过电致发光过程将电流转换为光，故太阳能电池的工作原理与 LED 的工作原理正好相反。

在光伏效应中，光伏材料吸收太阳光的能量，所以在固体中产生了自由载流子，有助于增加流过固体的电流。这与光电效应中吸收光产生的电子被发射到固体外部去是不同的。在固体中，半导体特别适合于利用在阳光下激发的光伏效应来制备太阳能电池。因此，广义的光伏，通常指的是该产业的相关部分，本质上是半导体太阳能电池技术的一个宽泛指代。

为了发挥光伏效应的作用，半导体太阳能电池必须是二极管的形式，典型的是双端器件的形式，其内建势垒与 p-n 结相关，p-n 结的位置应很容易被入射到器件受光面的光穿透。图 3.10 示意了基于 p-n 结的半导体太阳能电池的工作。如图所示，电池的一个显著特征是与照明表面的欧姆接触仅覆盖电池表面的一小部分，剩余部分直接暴露于光中。被照亮的表面覆盖着一层薄薄的对阳光透明的材料作为防反射涂层。太阳光光谱中能量高于半导体能隙 E_g 的部分在靠近上表面的结的空间电荷区产生电子 – 空穴对。电子和空穴被存在于空间电荷区内的电场所分离并通过扩散向相反方向移动，从而产生流过器件的光电流。

当端口短路时（见图 3.10a），光伏效应导致了短路电流 I_{sc}。当端口开路时（见图 3.10b），电池内部的电荷分离建立了电池两端之间的电势差，用开路电压 V_{oc} 表示。太阳能电池的这两个关键参数标记在其输出 $I - V$ 特性（见图 3.10c）上，其形状代表了被称为填充因子（Fill Factor，FF）的参数并且定义了太阳能电池的性能。理想情况下，如图 3.10c 中标注的矩形区域，FF = 1。在实际情况下，FF 可在 0.7 ~ 0.9 之间变化，反映出与电池质量相关的功率损失。

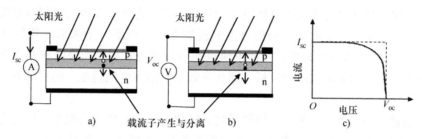

图 3.10　电子和空穴在太阳能电池中的产生与分离形成的：a）短路电流 I_{sc}；
b）开路电压 V_{oc}；c）标注了短路电流 I_{sc} 和开路电压 V_{oc} 的太阳能电池的输出特性曲线

最常用于定义太阳能电池性能的参数是电池效率 η，定义为电池产生的最大功率 P_{max} 与太阳能输入功率 P_{in} 之比（$\eta = P_{max}/P_{in} = I_{sc}V_{oc}FF/P_{in}$）。

太阳能电池的效率取决于构造太阳能电池的材料及其结构的复杂性，故也取决于其制造过程中所采用的工艺步骤的复杂性。一个普遍有效的规则是，太阳能电池的效率与其成本成正比，这包括所用材料的成本和制造工艺的成本。

绝大多数太阳能电池都是用硅制造的，一方面硅是迄今为止最常见和最高度可制造的半导体材料，另一方面它的能隙与太阳光的能谱非常匹配。硅太阳能电池的性能取决于所用原材料的成本与质量。使用非常薄的单晶硅晶圆制造的相对高成本的电池效率可能在 20% ~ 25% 的范围内，而使用较低成本的多晶硅晶圆制造的电池效率在 18% ~ 20%。低成本的商业薄膜非晶硅（a – Si）太阳能电池通常形成于 ITO 覆盖玻璃上，其效率约为 10%。不过，需要注意的是，随着制造技术的进步，所有类型硅太阳能电池的效率都在提高，本讨论中引用的粗略数字可能并不代表本书出版时的最新水平。

为了有实际意义地提高太阳能电池的效率，必须使用多结、多材料电池（称为串联太阳能电池），其目标是通过捕获光谱的更大部分以更好地利用太阳光谱。单材料电池的问题是，当具有能量 E 的太阳光的光子小于电池材料的能隙（$E < E_g$）时对光伏效应没有任何贡献，而能量显著超过 E_g 的光子也只做出了部分贡献。为了克服这一问题，可以将具有不同能隙的半导体堆叠在多结串联太阳能电池中。这么做的结果是得到通常由不同组分的 Ⅲ – Ⅴ 族半导体形成的多层结构，这些 Ⅲ – Ⅴ 族半导体的能隙宽度从堆叠的底部到顶部增大，以确

保能吸收太阳光谱中相当宽的波长范围。堆叠的顶层吸收最短的波长，而较长的波长穿透深度更深，在堆叠的底部中被较窄带隙的材料吸收。这一类太阳能电池的成本最高，但电池的效率也最高，可接近50%。

在成本－效率图的另一端是用有机半导体制备的太阳能电池。与OLED类似，有机太阳能电池中光转化为电的机理与上面讨论的无机半导体电池有所不同，它们的效率也有所不同。有机太阳能电池的效率仅为百分之几。尽管如此，有机电池的低成本与有机分子的灵活性相结合，让有机光伏技术成为一种高度可行的技术，使得它们可以用于刚性衬底无机电池无法使用的特殊应用。

作为对半导体太阳能电池的概述的总结，需要指出的是在成本－效率图两端的电池都能找到有用的应用。如何选择取决于具体应用的类型，它决定了有多大的面积可以用于安装太阳能电池面板。如果可用于安装太阳能电池面板的面积是用平方千米来计算的（例如太阳能发电厂），那么低成本但同时低效率的电池也是一种解决方案。如果面积非常有限，比如是用来驱动人造卫星的太阳能电池面板，那么高效率太阳能电池是唯一的解决方案，成本反而变成次要因素。

光电二极管 顾名思义，光电二极管是将光转化为电的器件，类似于太阳能电池。与太阳能电池类似的是光电二极管也使用p-n结作为势垒。它们的区别是在于光电二极管的设计针对的是特定波长范围（例如红外光谱）的响应，而不是太阳光谱的宽波长范围。用于构造光电二极管的半导体材料的选择依据是它的能隙应与所要响应的光波长相匹配。

3.3.2 金属－氧化物－半导体（MOS）电容器

正如本章前面指出的，MOS器件的电特性在很大程度上取决于MOS结构中氧化物的厚度（见图3.5）。在超薄氧化物的情况下，MOS结构显示出类似二极管的特性。而当氧化物足够厚以防止过多的电流通过隧穿效应流过氧化物时，MOS结构显示出电容器的特性。虽然在电子电路中没有作为独立的电容器使用，但MOS电容器在最重要的一类晶体管（见下一节）中起到了关键部件的作用。为了更好地理解它，下面就对MOS电容器（简称MOS Cap）的基本特性做一个简要的概述。

MOS电容器本质上是一个氧化物夹在称为栅极的金属触点和半导体之间的平行板电容器（见图3.11a）。当氧化物足够厚时，垂直于衬底表面方向的电流流动被阻止。因此，这种双端结构不能像前面讨论的p-n结和金属－半导体结那样作为二极管来使用。

MOS电容器是通过场效应（见图1.9）来改变半导体近表面区的导电性，进而控制平行于表面方向的电流流动，而不是控制金属栅极和半导体之间的电荷流动。下面将讨论场效应，即金属栅极和半导体之间的静电相互作用。

图3.11a给出了在栅极上加负电压、具有p型衬底的MOS结构。负栅极电位吸引半导体中的带正电的自由空穴，并导致空穴在氧化物－半导体界面附近积聚使得空穴浓度超过其在衬底中的浓度。当正电压施加到栅极上时（见图3.11b），带正电的空穴被推离氧化物－半导体界面，在留下的薄薄的近表面区中耗尽自由空穴，但包含不可移动的、未补偿的受主

负离子。在较低的正栅极电压下，负离子将阻止来自半导体内的自由电子穿透该耗尽区。然而，在较高的正栅极电压下，电子将流入空穴耗尽的表面区域，并且最终在紧贴界面的区域中的电子浓度将超过空穴浓度，形成反型区，即与衬底具有相反的导电类型的区域。上面的例子中，在 p 型衬底的近表面区中形成 n 型表面反型区。

　　如将在下一节中描述的，图 3.11 中的 MOS 栅极结构具有的通过场效应在半导体表面改变导电类型和形成反型层的能力是最重要的一类晶体管赖以工作的基础，这类晶体管恰当地被称为金属 - 氧化物 - 半导体场效应晶体管（Metal - Oxide - Semiconductor Field - Effect Transistor，MOSFET）。此外，MOS 电容器是电荷耦合器件（Charge Coupled Device，CCD）构造的基础，CCD 常用于相机中作为图像传感器（见 3.6 节）。

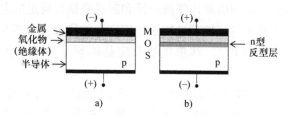

图 3.11　在金属 - 氧化物 - 半导体（MOS）电容器的栅极上施加：a）负电压；b）正电压

3.4　三端器件：晶体管

　　晶体管是一种具有三端口的器件，作为两端器件二极管的延伸，晶体管可作为信号放大器件和有效的通断开关使用。本节用通俗的语言概述晶体管的工作原理，并介绍几类重要的晶体管。

3.4.1　晶体管概述

　　晶体管，也称瞬态变阻器（变阻器是一种电阻随外加电压而变化的电子元件），是一种具有三个端口（见图 3.12 中的 1、2、3）的半导体器件。从 1、2 端口输入的电流或电压信号来控制从端口 1、3 输出的电流。在某些情况下，可以用低功率输入信号来控制高功率输出信号，所以经过恰当配置的晶体管能够

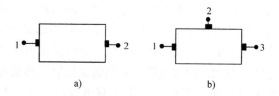

图 3.12　a）双端器件（二极管），1 - 2 之间的电压控制 1 - 2 的电流；b）三端器件（晶体管），1 - 2 之间的电压控制 1 - 3 的电流

放大信号。晶体管的另一功能是高效地实现信号开关作用。由于双端器件都不能实现这两种基本的电子学功能，所以晶体管在电子学中具有独特的、不可替代的作用。

　　我们正持续经历的电子革命始于 1947 年 J. Bardeen、W. Brattain 和 W. Shockley 首次用固态器件实验演示晶体管的工作。尽管晶体管的概念已经于 1925 年由 J. Lilienfeld 获得了专利，但

人们普遍认为晶体管的发明是 22 年后在新泽西州 Murray Hill 的贝尔实验室里进行的那次演示。

如前所述，为了控制半导体器件的电流，要么改变流经恒定电阻器件区域的电荷载流子的数量，要么改变该区域的电阻。这两个概念是两种不同类型晶体管发展的基础。第一种是关于双极型晶体管，也称为双极结型晶体管（Bipolar Junction Transistor, BJT），是由两个 p‑n 结组成，其中多数和少数载流子都对晶体管的工作有贡献，这也证明了它"双极"这个名称的合理性。第二种包括一类场效应晶体管（Field‑Effect Transistor, FET），其工作仅由多数载流子控制，因此称为单极晶体管。

3.4.2 晶体管种类

有许多类型及相应的子类型的晶体管被设计和制造来执行特定的电子功能，例如在大功率、高频工作或两者兼而有之的环境下进行信号切换与信号放大。然而，这些晶体管都属于两大类晶体管：双极晶体管（BJT）和单极场效应晶体管（FET）中的一类，下面做简要介绍。

双极晶体管（BJT）   BJT 是通过在图 3.6a 所示的结构上添加第二个 p‑n 结，并添加提供与新形成的结接触所需的额外端口（欧姆接触）来构建的。由此产生的晶体管结构如图 3.13a 所示，其中被称为发射极（E）、基极（B）和集电极（C）的三个端口对应图 3.12 中的端口 1、2 和 3。在 BJT 的基本版本中，可以通过控制流过发射（E‑B）结的电流来控制从发射极经集电（C‑B）结流向集电极的电流。根据使用 BJT 的应用不同，尤其是与信号放大和信号切换（"开/关"操作）有关的应用，端口和结的偏置方案可以采用共基极、共发射极或共集电极形态。从本质上讲，BJT 是一种电流放大装置，但是在经适当设计的电路中，它也可以用来放大电压或功率。

以共基极为例，BJT 的工作可以用以下简化的术语来解释。在正常的结晶体管的工作模式下，发射结正向偏置，集电结反向偏置。在这些条件下，与多数载流子（在本例中为电子）有关的大发射极电流 I_E 从 n 型发射极注入 p 型基极，在 p 型基极处它成为少数载流子电流。同时，反向偏置的集电结的电流由数量有限的少数载流子控制。因此，通过从发射极注入额外少数载流子，可以显著增加集电结的反向电流，即集电极的电流 I_C，同时也是晶体管的输出电流。成功实现上述一系列操作的关键是从发射极注入的载流子尽可能多地到达集电结。因此，少数载流子必须覆盖发射结和集电结之间的距离（也就是图 3.13a 中的基极宽度 W_B），并使得 W_B 在工艺上尽可能短，这对于 BJT 的工作至关重要。

图 3.13b 所示的共发射极配置下的 BJT 输出特性可用于说明 BJT 的电流放大能力，其中基极电流 I_B 的微小变化控制输出集电极电流 I_C 的大得多的变化。I_C/I_B 的比值是衡量 BJT 电流放大性能的一个指标，其数值可高达几百。

图 3.13b 所示的共发射极配置的 BJT 的 I_C‑V_{CE} 图也可用来说明如何用此类晶体管实现电信号的切换。思路是让晶体管从完全关闭状态（输出电流 I_C 尽可能接近于零）切换到完全打开状态（输出电流 I_C 尽可能大），这对于输出特性而言意味着改变偏置条件，使得晶体管的工作从截止区过渡到有源区（见图 3.13b）。

图 3.13 显示的是 n‐p‐n 型 BJT（n 型发射极，p 型基极，n 型集电极）。除了多数载流子和少数载流子的作用相反之外，p‐n‐p 型 BJT 的概念可以用与上述相同的方式来解释。在硅 BJT 中，n‐p‐n 型 BJT 在实际应用中比 p‐n‐p 型 BJT 更常用。原因是在 n‐p‐n 情况下，较高迁移率的电子而不是较低迁移率的空穴负责跨越基极的电荷转移，从而导致 n‐p‐n 型 BJT 性能更为卓越。

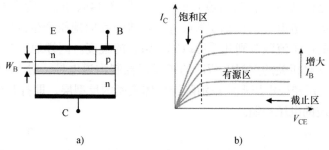

图 3.13　a）BJT 的示意图；b）共发射极接法的输出 $I-V$ 特性曲线

在这里需要强调的是，对于单个 p‐n 结器件（见图 3.6a 中的二极管），在任何偏置条件下都不可能实现电流放大。此外，对于交流信号切换，虽然在理论上可行，改变二极管结偏置电压从正向到反向和从反向到正向，但是太慢、太耗电，而且整体效率低，以致不能在任何要求较高的实际应用中使用。这就是为什么将单结、双端二极管扩展为双结、三端 BJT 的原因，即为了使得基于 p‐n 结器件的技术在电子电路中能得到广泛应用。

由于 BJT 的优点，BJT 在广泛的电子应用中是最常用的半导体器件之一。它们主要用于模拟电路中的信号放大相关应用。由于 BJT 在高频工作状态下表现良好，因此也在无线通信系统中得到了广泛的应用。此外，它们还经常被用作大功率数字电路中的开关。

绝大多数商用 BJT 是用硅制造的。在某些情况下，锗由于其具有比硅更高的载流子迁移率而被使用。当需要非常高的工作频率时，可将 BJT 改进成异质结双极型晶体管（Heterojunction Bipolar Transistor，HBT）。HBT 使用高电子迁移率的Ⅲ‐Ⅴ族化合物制造，例如砷化镓及其衍生物。

单极场效应晶体管（FET）　如前所述，第二大类晶体管为单极晶体管。在单极晶体管中，由多数载流子组成的电流沿平行于势垒面与平行于表面的方向流动。在这种情况下，靠近载流子移动的表面区域的电导由电压控制变化并影响着载流子的流动，从而控制晶体管电流。由于其工作原理，这种类型的晶体管被称为 FET。根据空间电荷区感应方式的不同，空间电荷区的扩张是用于控制电流流动（见图 3.14），可分成三种类型的 FET。

如果空间电荷区是由存在 p‐n 结所产生的，这类晶体管称为结型场效应晶体管（JFET）（见图 3.14a）。如果通过肖特基（金属‐半导体）接触产生同样的效果，这一类晶体管被称为金属‐半导体场效应晶体管（Metal‐Semiconductor FET，MESFET）（见图 3.14b）。第三种可能是利用 MOS 电容器的能力改变半导体近表面区的电导（见图 3.11）以实现金属‐氧化物‐半导体变体的 FET，被称为金属‐氧化物‐半导体场效应晶体管（Metal‐Oxide‐Semiconductor FET，MOSFET）（见图 3.14c）。

如图 3.14 所示，所有类型的 FET 都配有三个端子，称为源极（S）、栅极（G）和漏极（D），分别对应于图 3.12 中的端口 1、2、3。正如 3.4.1 节所讨论过的，器件输出电流 1 - 3，即漏极电流 I_D，由 1 - 2 极间的电压，即栅极电压 V_{GB} 控制，简称 V_G。为了保证 S 和 D 接触具有足够的性能，高掺杂区域通常作为源极和漏极欧姆接触的一部分。

如图 3.14 所示的 FET 基本工作原理是相同的，通过加在栅极端子上的电压引发场效应来控制源极和漏极之间区域（称为沟道）的电导。图 3.14a、b、c 所示 FET 的区别在于如何实现场效应来控制沟道电导。例如 JFET，p - n 结的反向偏压产生的空间电荷区的扩展，将源极和漏极之间的电子流限制到几乎可以完全阻止的程度。同样地，对于 MESFET，改变与反向偏置肖特基接触相关的空间电荷区的扩展以控制沟道电导。对于 MOSFET，如 3.4.3 节所述，MOSFET 使用栅极电压形成或消除半导体表面的反型层，即打开或关闭源、漏极间沟道，实现源漏电流的电压控制。

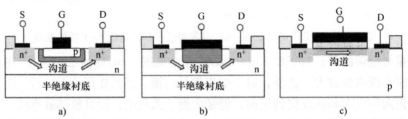

图 3.14　三种场效应晶体管：a）结型场效应晶体管（JFET）；b）金属（肖特基接触）场效应晶体管（MESFET）；c）金属 - 半导体 - 氧化物场效应晶体管（MOSFET）

让我们重点说一下 **MOSFET**。在以上介绍的双极和单极晶体管中，MOSFET 是应用范围最广泛和应用场景最丰富的晶体管。MOSFET 在最先进的电子学中起主导作用的主要原因如下：①MOSFET 在数字电路中综合了功耗和信号延迟时间的优势，从这个意义上说提供了最有效的性能；②MOSFET 的几何结构最容易缩小，这使得 MOSFET 及其变体成为大部分高密度集成电路的基础；③MOSFET 推动了半导体电子领域的发展，代表了晶体管技术的先进水平；④MOSFET 具有不同于其他类型晶体管的结构，这种结构有助于在薄膜技术中实现；⑤与其他晶体管的设计不同，MOSFET 与有机半导体、柔性电子器件以及一维和二维纳米材料系统兼容。

需要指出的是，模拟和数字电路的关键功能基本上可以由任何双极或单极晶体管实现。此外，还有一些高度专业化的应用，特别是在工作速度或功率方面的要求，基本的 MOSFET 结构不适用于这类应用。然而总的来说，就本书中的介绍性讨论而言，专注在 MOSFET 方面的讨论已经可以充分体现晶体管这类器件的技术趋势及发展。

3.4.3　MOSFET 的工作原理

图 3.15 为 MOSFET ［也被称为绝缘栅场效应晶体管（Insulated Gate FET，IGFET）］的示意图，其基本状态如图 3.14c 所示。它的工作是基于如图 3.11 所示的 MOS 栅极电容器反转半导体近表面区电荷类型的能力。在晶体管的栅极上没有电压 V_{GS} 的情况下（见图 3.15a），在栅极下面的半导体表面不会形成反型层，故在源极和漏极之间也不会形成沟道。因为源极和漏极

之间仅存在可忽略的漏极电流，所以晶体管可视为处于"关闭"状态（$I_D = 0$）。

当向栅极施加超过阈值反型点（阈值电压 V_T）的正电压时，在栅极下方的半导体表面区域处于导电类型反转的状态，并且形成源极和漏极区域之间的沟道（见图 3.15b）。这时晶体管被打开，漏极电流 I_D（MOSFET 的输出电流）在源极和漏极之间流动。

图 3.15c 所示的 MOSFET 的输出特性在不同类型的 MOSFET 之间存在差异，它取决于用来制造晶体管的材料的组合，如栅极接触材料、栅极氧化物材料、半导体材料。对于上文举例的晶体管，在栅极电压 $V_{GS} = 0$ 时不形成沟道，输出电流 $I_D = 0$。需要在栅极上施加一个大于阈值电压 V_T（$V_{GS} > V_T$）的栅极电压以形成沟道。这种类型的 MOSFET 被称为增强型晶体管，也被称为常闭型晶体管。当 $V_{GS} = 0$ 时，由于所选择的形成晶体管沟道的材料的固有特性，沟道总是处于导通状态被称为耗尽型晶体管，也称为常开型晶体管。

如图 3.15c 所示，对于任何给定的 V_{GS}，$I_D - V_{DS}$ 特征曲线随着 V_{DS} 电压增加，从最初的线性状态过渡到饱和状态。I_D 电流随着 V_{DS} 电压的增加趋于饱和，这是因为沿着 I_D 电流方向，栅氧化物两端的压降变化引起沟道反型电荷密度分布的变化。从沟道的漏端开始，反型层逐渐变薄。在漏极电流饱和的 V_{DS} 电压下 [$V_{DS} = V_{DS(sat)}$]，漏端反型层的厚度为零，沟道夹断。当 V_{DS} 继续增加超过 $V_{DS(sat)}$ 时，反型电荷密度等于零的夹断点向源端移动，这意味着沟道只延伸到源漏距离的一部分，晶体管电流不再有效地受沟道电导控制。在 $V_{DS} > V_{DS(sat)}$ 时，沟道长度调制效应的影响是导致 $I_D - V_{DS}$ 曲线呈现非理想饱和的原因。

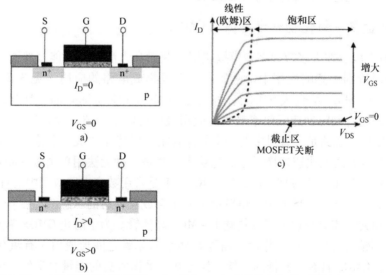

图 3.15　对于 N 沟道 MOSFET：a）当 $V_{GS} = 0$ 时不存在沟道，漏极电流 $I_D = 0$；
b）当 $V_{GS} > 0$ 时沟道开启，漏极电流 $I_D > 0$；c）MOSFET 的输出特性曲线

沟道长度是决定载流子在 V_{DS} 的影响下从源极漂移到漏极所需时间的因素之一，这决定了 MOSFET 的工作速度。另一个影响因素是 MOSFET 沟道中载流子降低的迁移率，因为①沟道的宽度有限，限制了载流子的移动，以及②载流子在半导体表面附近的移动，存在显著的表面散射。因此，MOSFET 沟道载流子的有效迁移率比同样半导体的体内迁移率低 5 倍

左右。沟道中载流子迁移率的降低效应随栅极电压的变化而变化。当沟道中的电场增加时，沟道中载流子速度接近第 1 章所讨论的饱和速度极限。当沟道长度变短时，这种效应就变得复杂了，在极端的沟道长度缩短的情况下，甚至可能最终导致对 MOSFET 沟道中电荷载流子运动的控制由弹道输运（ballistic transport）主导。

沟道中载流子的迁移率影响着 MOSFET 的性能，也因此要求恰当选择沟道的导电类型。在图 3.15 中 MOSFET 的示意图中，n 型沟道（反型层）在 p 型硅衬底中形成。这类器件称为 N - MOSFET，作为对比在 P - MOSFET 中 p 型沟道在 n 型衬底中形成。由于 MOSFET 的工作完全由多数载流子控制，故 N - MOSFET 结构更适合器件应用，因为电子相比空穴而言具有更高的迁移率，导致 N - MOSFET 与具有相同几何尺寸、使用相同材料制造的 P - MOS-FET 相比，具有更短的传输时间和快得多的工作（开关）速度。

对比 MOSFET 和 BJT 这两种晶体管工作的实现方式以及它们的输出特性（分别为图 3.15c 和图 3.13c），可以发现 MOSFET 和 BJT 之间的关键区别，即前者是电压（V_{GS}）控制的器件，而后者是电流控制（I_E 或 I_B，取决于 BJT 组态）的器件。由于夹在金属和半导体之间的氧化物电阻非常高，所以 MOSFET 具有更高的输入阻抗。它的输入电流小到可以忽略不计，因此 MOSFET 的工作功率比 BJT 低得多。当选择最适合集成电路的晶体管时，这一特性具有重要意义（见 3.5 节）。不仅如此，MOSFET 相比 BJT 而言更容易缩小尺寸。

正如本章各节的讨论，由于其固有的特点和在多种电子应用中的突出表现，MOSFET 作为晶体管的代表，促进半导体电子学不断发展。

3.4.4 互补金属 – 氧化物 – 半导体（CMOS）

N - MOSFET 能够在大多数数字和模拟应用中获得令人满意的性能。然而，在对于功率消耗和耗散方面特别敏感的应用中，例如有关高级集成电路的应用（见 3.5 节），将 N -MOSFET 和 P - MOSFET 组合成互补对，称为互补 MOS（Complementary MOS，CMOS），解决了功率管理问题，同时创造了效率最高、应用最广泛的半导体单元。N - MOSFET 和 P - MOSFET 配对使用的思路是，管对中的一个晶体管始终保持在"关"状态，CMOS 单元仅在"开"和"关"状态之间快速切换时才消耗功率。这是一种无法用单个 N - MOSFET 实现的情况，而在 CMOS 技术广泛应用之前，N - MOSFET 是常用数字电路应用中的首选晶体管。

图 3.16a 显示了 N - MOS 和 P - MOS 晶体管组合成互补对的示意图。在 p 型衬底晶圆中形成的 CMOS 单元，需要形成 n 阱以构建 P - MOS 晶体管。为了防止 CMOS 单元中晶体管之间称为 CMOS 闩锁的寄生电相互作用，需要在两个晶体管之间形成填充有氧化物的隔离沟槽。总的来说，CMOS 具有非常低的功耗，执行开关操作所需的能量非常低，以及非常小的待机电流，是实现数字功能最高效的半导体单元。

在电子电路中，CMOS 单元通常构建为反相器。在 CMOS 反相器（见图 3.16b）中，N 沟道晶体管的源极连接到 P 沟道晶体管的漏极，栅极彼此相连。在这种情况下，只要反相器的输入（栅极）为低电平，反相器的输出（P 沟道晶体管的漏极）就为高电平，反之亦然。由于其固有的特性，CMOS 反相器是绝大多数数字电路（包括逻辑电路和存储器电路）的基本组成部分。基本上所有的数字电路，如微处理器、微控制器、存储器和许多其他器件都采用 CMOS 技术制造。

虽然数字（计算）应用为 CMOS 类器件应用的主体，但也有一些模拟电路，如通信系统的运算放大器、多路复用器、数据转换器以及收发器基于 CMOS 技术构建。由于其多功能性，CMOS 单元也常用于混合信号（模拟和数字）应用。

有些特殊的模拟应用涉及使用 CMOS 技术制造图像传感器。CMOS 图像传感器是一种替代 CCD 的图像传感器，它将光学图像转换为电信号。CCD 和 CMOS 图像传感器之间的选择取决于具体应用（见 3.6 节）。

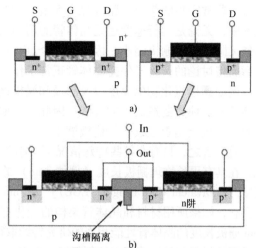

图 3.16 a) N – MOSFET 和 P – MOSFET 集成形成；b) 互补 MOS（CMOS）的反相器单元

3.4.5 MOSFET 的发展

三个要素持续决定着 MOSFET 技术的发展。首先是与晶体管几何结构有关的尺寸因素。事实证明，大多数与 MOSFET 几何结构相关的问题都源于下面所考虑的栅极缩小过程。第二个是关于材料的选择，包括用于制造 MOS 晶体管的半导体、电介质和导体的材料。第三个是晶体管的结构，它定义了晶体管的关键部件的形状和布局，这些部件随着晶体管性能需求的增长而变化。

上述的这几个要素将在后续逻辑应用中涉及晶体管发展的讨论中考虑。从这些考虑中可以得出显而易见的结论，那就是每个要素的重点在晶体管技术演进的不同阶段都是变化的。

栅极缩小（gate scaling） MOSFET 最重要的几何特征是电子的运动必须覆盖源极和漏极之间的距离，即如图 3.14 所示的沟道长度 L。通常用来解释 MOSFET 工作原理的示意图（见图 3.16）中沟道长度 L 和在氧化物顶部形成的栅极接触 L_G 的长度基本相同。然而，在实际器件中，由于 MOSFET 制造工艺的性质，沟道的物理长度可能略短于栅极的长度。根据工艺顺序，L 和 L_G 之间的差异范围可能会有所不同。栅极长度 L_G 代表了任何给定技术节点的最小特征尺寸（feature size），因此它可以用于从工作能力的角度区分各种类别的 MOSFET。

鉴于上述情况，通常采用的做法是将栅极长度而不是沟道长度作为定义缩小的参数，从而定义晶体管的性能。较短的栅极长度可实现载流子从源极到漏极的快速转移，使得 MOSFET 性能改善。因此，在器件设计和制造工艺方面，栅极缩小，即缩短 MOSFET 的栅极长度是先进晶体管技术进步的驱动力。从 MOSFET 技术开始到最近几代技术，栅极长度经历了三个数量级的缩减，从 $10\mu m$ 量级缩减到最近的 10nm 及以下（见 3.5 节）。人们不断地向更短栅极迈进，使得晶体管的性能大幅度提高。具体地说，如果用比例因子 k 来缩小栅极，则反映晶体管功率处理能力的功率与延迟时间的乘积及其运行速度大约降低 k^3。在缩小过程中，整个晶体管的物理尺寸减小，使得每单位面积的半导体芯片可以封装进更多的晶体管。

栅极缩小作为改善晶体管性能的一种方法，在实际应用中需要考虑三个因素。首先，栅极缩小场景仅在晶体管的最高可能运行速度和小尺寸是主要考虑因素的情况下才相关，例如高端、非常密集的集成电路（见 3.5 节）。另一方面，有许多应用，例如在功率电路或薄膜技术中，无论是运行速度还是晶体管的超小尺寸都不是决定性能的主要因素。第二，很显然不能无限地进行栅极缩小，因为在某个点（L_G 接近零），MOS 晶体管将不能工作。第三，本节后面将讨论的，为了保持晶体管正常工作，栅极缩小必须伴随晶体管的其他几何特征的缩小，例如栅极氧化物的厚度以及源极和漏极区域的深度。栅极缩小带来了巨大的工艺挑战，并伴随着晶体管制造成本的飞涨。因此，应取决于晶体管的实际应用及制造成本，而不是物理限制来决定是否继续进行栅极缩小。

总而言之，只有在某些特殊情况下，小于 5nm 栅极长度的栅极缩小才有实际需求。或者说，在具有更长物理栅极长度（例如 7nm）的晶体管的性能与想象中的栅极长度 ［等效栅极长度（Equivalent Gate Length，EGL）］为 5nm 及以下的器件性能相仿的情况下，可能根本不需要它，如果所用材料和晶体管架构的变化都能成功实现的话。无论哪种方式，朝着与小于 5nm 栅极长度的晶体管性能相当的研究持续取得进展，这里的进展不单取决于栅极缩小，还取决于有关材料和晶体管架构的创新解决方案。下面的讨论给出了这两个领域的主要趋势。

材料　下面讨论 MOSFET 的材料，涉及形成晶体管沟道的半导体材料、用作栅极电介质的电介质材料、形成栅极接触以及用于与源极和漏极形成欧姆接触的导体材料（见图 3.15a）。

半导体材料的选择取决于晶体管的应用场景。在大多数主流电子应用中，硅仍然是首选材料。对于应用于大功率、高温场景的晶体管，MOSFET 常采用宽带隙碳化硅（SiC）制造；而具有优良特性的氮化镓（GaN）的应用中采用了场效应晶体管的其他一些在本书中未讨论过的 MOSFET 结构。当晶体管应用于高频场景时，MOSFET 沟道需要采用高电子迁移率的材料。为此，可以在硅沟道中内置应变（见 2.6 节），或者在沟道区将高电子迁移率的化合物半导体与硅衬底集成。

关于栅极电介质的选择，要求是 MOS 电容器能够在栅极接触和半导体之间提供足够强的电容耦合，以确保半导体的近表面区的反转和在尽可能低的栅极电压下产生沟道。材料的选取可以通过考虑由 MOS 结构 $C = \varepsilon_0 kA/x_{ox}$ 形成的平行板电容器的电容 C 来决定，其中 ε_0 是真空的介电常数，k 是夹在金属和半导体之间的栅极氧化物的介电常数，A 是栅极接触的面积，x_{ox} 是氧化层的厚度。

由于栅极长度（L_G）的不断减小，因而栅极面积 A 也不断缩小，人们通过逐渐减小 SiO_2 栅氧化层 x_{ox} 的厚度来满足维持 MOS 栅结构足够电容的需要。显然，这种缩小仅在大于最低限度的厚度（约 1nm 或以下）时才有效，因为小于这个厚度，栅氧化层就会因为流过它的隧穿电流过大而不再显示绝缘特性。此时，在减小后的栅极长度上保持所需的单位面积栅极电容的唯一方法是增加栅极电介质的介电常数 k，在实际应用中，就需要使用 SiO_2（$k = 3.9$）以外的栅极绝缘材料（见 2.9.3 节）。举例来说，当栅极电介质的 k 值比 3.9 高 5 倍时，比如说如果我们需要 0.5nm 厚的 SiO_2 ［等效氧化层厚度（Equivalent Oxide Thickness，EOT）］，栅氧化层的物理厚度就可以增加到 2.5nm 来实现 MOS 栅的电容耦合。在这种厚度的栅氧化层中，电子隧穿通过它的概率将大大降低。

在先进的硅基 MOS/CMOS 工艺中，栅极电介质的选择取决于栅极长度（工艺节点）。对于45nm 及以下的栅极长度，采用高 k 电介质作为栅极绝缘体。对于所有其他工艺节点（65nm 及以上），通常采用二氧化硅（SiO_2）作为栅氧化层。

在高 k 和 SiO_2 栅极电介质之间的选择决定了用作栅极接触的导体的选择。当 SiO_2 被用作栅极电介质时，重掺杂的多晶硅（poly–Si）（见 2.9 节），通常在其上覆盖一层硅化物，是首选的栅极接触材料。在采用高 k 电介质作为栅极电介质的情况下，具有足够功函数和耐化学腐蚀的金属被用作栅极接触材料。在后一种情况下，之所以用金属而不是多晶硅是由于高 k 电介质和多晶硅之间的相互作用导致了不希望出现的电容降低效应，被称为栅极耗尽效应。这种采用高 k 栅极电介质和金属栅组合的 MOSFET 类别被称为 HKMG（High–k, Metal Gate，高 k 金属栅）技术，它基本上只应用于 45nm 及以下的工艺节点。

架构　除了栅极缩小和改用有助于提升晶体管性能的组成材料外，架构的改进是提升晶体管性能的另一条途径。

在这里，术语"晶体管架构"可以与术语"晶体管设计"互换使用。术语"晶体管设计"是指晶体管结构的关键元件相对于衬底以及彼此的尺寸、形状和定位方式。晶体管设计的要求因给定类型晶体管的用途不同而有所不同。即便是只考虑其中一些问题，也远远超出了本书的范围。因此，本文仅对 CMOS 结构中常用的超小型（亚 45nm 栅极长度）、高速、低功耗 MOSFET 等这类性能主导型的晶体管架构的演变作简要概述，并着重讨论晶体管结构从平面到垂直的转变。

图 3.17a 和 b 以两种不同的视图展示了一个传统平面 MOSFET。平面结构的特点是栅极电压只能从一侧控制沟道的电导从而控制漏极电流 I_D。这意味着栅极长度的任何缩小都会导致栅极电容的不想要的减小，这与本节前面讨论的栅极电容所面临的问题一致。

平面结构限制的一种解决方案是采取另一种布局，即晶体管的沟道垂直放置在其侧面，就如同"鳍"一样的几何形状（见图 3.17c）。为了使其成为功能晶体管，鳍式 MOSFET（Fin-FET）也有漏区和源区，并在三个侧面上有围绕垂直沟道的金属栅（见图 3.17c）。这样做的好处是栅极的面积显著增加，而晶体管在晶圆表面上占据的面积减小。增加栅极面积就增加了栅极和沟道之间的电容耦合，改善了对沟道电导的控制，从而改善了对漏极电流 I_D 的控制。其结果是改善了的晶体管的静电学性质，即可以使用更低的栅极电压 V_G 控制沟道电导。

在图 3.17c 所示的情形中，栅极在三个侧面环绕沟道，这种结构称为三栅极结构。也可以通过环栅（Gate All Around, GAA）结构获取更高的性能，GAA 结构本质上是 FinFET 概念的扩展（见图 3.17c），其中沟道不是衬底的一部分，而是以纳米线的形式单独形成。Fin-FET 结构的另一个优点是，它可以转换成多栅极场效应晶体管（MuGFET）结构，其中晶体管的栅极被分成多个栅极，可以进一步改善晶体管的电流驱动特性。

除了 FinFET 之外，MOSFET 还有一些以不同方式实现垂直结构的其他架构。虽然"垂直"在本质上是非平面沟道，但是在 FinFET 电流仍保持平行于晶圆表面的方向流动。但在其他一些垂直晶体管设计中，沟道结构使得电流沿垂直于晶圆表面的方向流动。垂直 MOS-FET 结构的一个例子是垂直狭缝场效应晶体管（Vertical Slit Field Effect Transistor, VeSFET），它包括两个垂直的栅极，在它们之间具有非常窄的狭缝作为沟道。仿真结果表明，在开关应用中，这种结构的晶体管具有优越的开/关电流比。

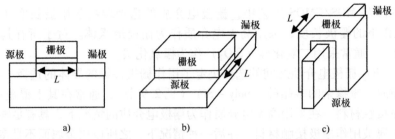

图 3. 17　a）、b）传统平面 MOSFET；c）变形为垂直形态的 FinFET

其他方案　与 MOSFET 材料和架构修改有关的解决方案在未来可能并不能满足执行计算所需的晶体管性能的需求。因此，在晶体管的性能改进方面，人们寻求不同于主流方法的替代解决方案。

以二进制为基础、执行计算操作的逻辑电路对信息进行编码和处理本质上是将系统从一种状态切换到另一种状态。在本节所讨论的电子器件中这一功能由晶体管完成，晶体管可打开和关闭电流。但问题是，在固体中运动的电子的散射会造成显著的信号损失，因此作为载流子的电子可能无法满足信息处理系统的长期需求。

一种人们正在研究的有关晶体管的解决方案是让磁场控制器件工作，它利用的是电子除了电荷还具有被称为电子自旋的角动量这个事实。电子的自旋可以被磁场引导向上或向下。从这个意义上说，它构成了一个固有的二元系统，自旋电子学就是利用它来在磁敏感晶体管（称为自旋晶体管）中执行逻辑功能。

在另一种解决方案中，作为信息载体的电子被代表光量子的光子取代（回忆本书前面讨论中对光子的频繁引用）。光子比电子信息载体更有效，因为它可以以很小的损失在波导中传输，这与电子在半导体和金属中移动的显著损失形成鲜明对比。随着短波长激光二极管和探测器的出现以及光波导技术的发展，一个仍然缺失的环节是需要"打开"和"关闭"光的高性能光学晶体管。

更进一步的解决方案是一种生物晶体管，在这种晶体管中，DNA 链中的复杂相互作用可能可以用来控制活细胞内的逻辑操作。

最后值得一提的是，在探索超出二进制系统和传统计算机的领域的过程中，人们需要关注量子计算领域取得的稳步进展。量子计算是基于深入到固体内部原子属性的量子现象。用于进行量子计算操作的器件称为量子晶体管，尽管它的工作原理与传统 MOSFET 的工作原理完全不同，但它们有一个共同点，那就是它们都主要是用半导体材料制造的，并且十分依赖半导体纳米技术。

3. 4. 6　薄膜晶体管（TFT）

有别于在体晶圆上形成 MOSFET 的传统制造技术，图 3. 18 所示的薄膜晶体管（TFT）是采用薄膜技术制造的 MOSFET。与沟道形成于单晶半导体的体 MOSFET 不同，TFT 中通常使用薄膜、非晶体、非晶半导体形成沟道。由于上述原因，TFT 的电子特性不如传统 MOS-FET，因为单晶半导体中的电子迁移率比非晶半导体高得多。

尽管 TFT 的性能受到载流子迁移率的限制，但由于 TFT 在平板显示技术中的重要作用，所以 TFT 仍是最重要的半导体器件之一。无论是液晶显示器（LCD）还是基于发光二极管（LED）的发射式显示器，当每个像素由集成在像素结构中的晶体管单独通电时，都可以实现最佳分辨率、最高对比度和显著改善的可寻址性。包含 TFT 的显示器称为有源矩阵（Active Matrix）显示器，可以提供最佳的图像显示和色域。

图 3.18 显示了两种不同结构的 TFT 示意图。顶栅结构（见图 3.18a）的 TFT 与体 MOSFET（见图 3.16）的结构类似，但源极、漏极使用薄膜金属焊盘（钼、铝和其他金属）和薄膜半导体，在薄膜半导体中由栅极电压产生沟道，最常见的是非晶硅。在某些情况下，可使用透明的宽禁带半导体，例如氧化锌（ZnO）。图 3.18 所示的玻璃是 TFT 技术中最常见的衬底。根据不同的应用，玻璃衬底可以被其他刚性或柔性绝缘材料（如箔材）代替。在半导体器件工程中常见的绝缘体，如二氧化硅（SiO_2）、氮化硅（Si_3N_4）或氧化铝（Al_2O_3），均可用作 TFT 中

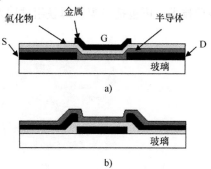

图 3.18　薄膜晶体管（TFT）的两种不同 MOS 结构：a）顶栅结构；b）底栅结构

的栅极电介质，而金属栅接触则根据工艺使用金属如钼、钛和其他金属进行处理。为了满足特定应用的需要，可以用底栅结构（见图 3.18b）来实现 TFT，其工作原理与顶栅器件相同。

薄膜技术的特征使得 TFT 易于与现代显示器制造方案兼容。控制像素的 TFT 是显示结构的集成部分。在一些类型的显示器中，显示器中的 TFT 的透明性是至关重要的。使用透明的宽禁带半导体和透明导电氧化物作为触点，可以很容易实现透明 TFT。此外，TFT 在柔性可穿戴电子器件和电路中提供了方便的晶体管解决方案。特例涉及在使用有机半导体的晶体管的实现中使用 TFT 结构。有机 TFT（OTFT）是基于有机发光二极管（OLED）的发光显示器的重要组成部分。

3.5　集成电路

到目前为止，本章中对半导体器件的讨论主要涉及分立器件，即单个晶体管或二极管，每个晶体管或二极管安装在单独的封装中，用作电子电路中的独立器件。通过焊接工艺将分立元件连接到 PCB（见图 3.19a）来搭建电子电路是一种常见的方式。但是，这种电路体积庞大，并且相对于它们所执行的电子功能而言相对昂贵。然而，最重要的缺点是它们深受由于焊点故障和 PCB 上的机械/电气连接故障造成的可靠性问题的困扰。此外，仅仅基于分立晶体管的 PCB 技术不允许搭建复杂的电路，例如那些涉及数百万或数十亿晶体管的电路。

为了搭建这样的电路，就需要将分立元件集成到一个独立、体积小、功能齐全的单元中，称为单片集成电路（Integrated Circuit，IC）（见图 3.19b）。集成电路技术允许将数十亿个晶体管集成到体积微小的半导体（如硅）中，以形成被设计用于执行复杂电子功能（例如计算功能）的电子电路。与由分立元件组成的电路相比，单片电路集成可在大幅度减小的尺寸及成本下实现相同的电子功能，从根本上提高了电路性能和可靠性。

　　单片集成电路技术的基本思想是在称为芯片的一小块半导体上制造一个完整的电子电路（见图3.19b）。换言之，不仅集成组成电路的晶体管，而且将电路中的晶体管互连的导线也集成到一小块材料上，例如硅，然后封装到具有输入/输出引脚的密封封装中，并准备安装在更大的电子电路中。另一个选择是混合集成电路，其中术语"混合"指用于完成电路的各种技术，可包括厚膜、薄膜组件以及单片集成电路。

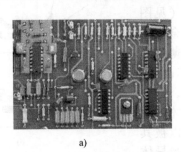 

a) 　　　　　　　　　　　　　　b)

图 3.19　电子电路的两种不同实现方式：a) 由印制电路板（PCB）
上的分立元件构成的电路；b) 电路集成在半导体芯片上实现的集成电路（单片集成电路技术）

　　本节对集成电路作一个简要概述，旨在将集成电路作为半导体材料和器件的基本问题与半导体工艺技术之间讨论的接口。先进集成电路代表了充分利用半导体材料突出特性的技术复杂性的最高水平，因此是半导体工程领域的技术驱动力。

　　图 3.20 显示了三类主要的集成电路，根据它们的功能分为数字、模拟（线性）和混合信号（数字和模拟功能组合在同一芯片上）集成电路。电路的具体布局及其制造中所用材料的选择都取决于这样的功能。从这个观点来看，集成电路又可以分为两类：专用集成电路（Application Specific Integrated Circuit，ASIC）和通用集成电路，它们的名称清楚地标识了每一类的性质。

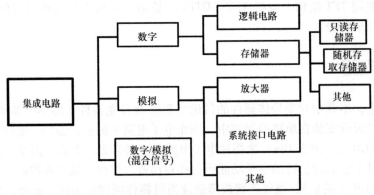

图 3.20　集成电路（IC）的基本分类

　　就电路的基本单元而言，最常见的选择是基于 MOSFET/CMOS 或基于 BJT 的电路设计。前者特别适合于逻辑和存储器集成电路中的数字集成电路应用，而后者通常被用来构建模拟集成电路。在混合信号集成电路中，CMOS 和双极电路集成在同一芯片上。

　　考虑到实际应用，逻辑电路以微处理器和微控制器为代表，微处理器在所有计算机中执行中央处理器（Central Processing Unit，CPU）的功能。存储器电路是设计用来暂时或永久地存储信息，并作为计算机中微处理器的支持单元。它们分为随机存取存储器（Random Access Memories，RAM）和只读存储器（Read Only Memories，ROM）两大类。在每个大类中还可以细分成很多小类，其中 RAM 主要由动态 RAM（Dynamic RAM，DRAM）和静态 RAM（Static RAM，SRAM）为代表，而 ROM 主要由可编程 ROM（Programmable ROM，PROM）和可擦除可编程 ROM（Erasable and Programmable ROM，EPROM）为代表。

模拟集成电路通常是 ASIC 且用途大不相同，从运算放大器、电源和整流器、振荡器和滤波器等这样的简单电路到结构复杂的电路，其设计用于在高至数千 GHz 的频率范围内执行模拟功能。其中，比较著名的是用于手机和无线通信的射频集成电路（Radio Frequency IC，RFIC）以及用于雷达系统和卫星通信的单片微波集成电路（Monolithic Microwave IC，MMIC）。过去的模拟集成电路主要依赖于砷化镓（GaAs）等高电子迁移率半导体，而现在的硅（Si）、硅锗（SiGe），以及越来越多的能够在微波频率下以高电压、大功率工作的氮化镓（GaN）被用于制备单片微波集成电路。

图 3.20 中列出的第三类集成电路为混合信号集成电路，它将数字和模拟功能结合在同一芯片上，构成了几乎所有特定应用的电子系统基本组成部分，这些电子系统设计用于执行较为复杂的功能。

本概述的目标是介绍与集成电路相关的重要概念，它们是半导体器件工程中的技术驱动力。为了与其保持一致，后续讨论的重点将是基于 MOSFET/CMOS 的数字集成电路，特别是逻辑集成电路（见图 3.20）。对于前文所讨论的 MOSFET，栅极长度的缩短能提高晶体管的性能，因此多年来一直是数字集成电路进步的一个决定因素。事实上，之前讨论中提到的所谓技术节点的定义过去都是以栅极长度为参考的。例如，技术节点 45nm 是指使用具有 45nm 栅极长度的 CMOS 器件构建的数字 IC。然而，由于晶体管架构的创新、制造技术的改进、3D 集成以及用于制造先进芯片的更广泛的材料选择，栅极长度不再是定义技术节点的唯一参数。

图 3.21a 以纳米为单位、先后以栅极长度和技术节点为参考，显示了数字集成电路技术的发展，这些发展反映了多年来 MOSFET/CMOS 单片集成电路工程的进步。

如果不调整晶体管结构的其他部分，栅极长度就不能缩小。如果不遵循这方面的规则（称为缩小规则），将妨碍集成电路中的晶体管正常工作。一般来说，等比例缩小规则要求在缩小栅极长度之后缩小 MOSFET 的其他几何特征，包括横向（栅极接触的宽度）和纵向（源极和漏极区域的深度）。

晶体管架构的变化使得集成电路中的晶体管变得越来越小，进而可以更密集地封装在芯片表面，从而导致①芯片可执行功能的复杂性显著增加；②工作/耗散功率降低；③由于减少了电路元件之间的电信号必须覆盖的距离，从而提高了电路的工作速度。每个芯片包含的晶体管数量增加的趋势如图 3.21b 所示，即每平方毫米集成电路芯片表面的晶体管数量从早期的几百个到当前的超过 100 亿个。

摩尔定律直到最近还能相当准确地预测芯片密度的变化，即每个芯片上的晶体管数量大约每两年翻一番。尽管形成摩尔定律的前提仍然有效，但是由于目前集成电路技术的进步受到与以前有所不同的规则制约，因此芯片上每单位面积（在这种情况下为 mm^2）的晶体管数量似乎能更好地反映集成电路的发展动态。

集成电路技术的进步还会受到芯片密度增加所带来的其他挑战。其中第一个问题与执行

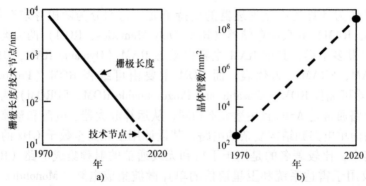

图 3.21　数字集成电路 50 年演变的发展趋势图：a）栅极长度及后来的技术节点
（以 nm 表示）；b）芯片密度（以每平方毫米芯片面积上的晶体管数量表示）

复杂计算操作的逻辑集成电路芯片产生的热量有关，另一个问题是随着构成电路的晶体管数量的增加，连接数十亿个晶体管的导电线路网络越来越复杂。

芯片散热问题是一个挑战，因为虽然增加集成度这个概念有利于提高电子电路的运行速度，但是它限制了集成电路处理功率的能力。集成电路中的器件尺寸非常小，导致器件中的电流产生的热量大量积聚，在极端情况下可能导致器件损坏（参见与图 1.11 相关的讨论）。即使没被损坏，不佳的散热也会提高硅片中相邻元件的温度，影响它们的正常工作。

除了晶体管本身之外，集成电路的一个关键部件是以薄膜金属线的形式形成在芯片表面的导线网络，这些导线将晶体管互连并形成网络。随着电路中晶体管的几何尺寸缩小，互连线也应相应缩小，以降低用于互连的芯片面积，并为芯片的进一步扩展省出空间（见图3.22）。但问题在于，与晶体管规模集成化而导致电路性能的显著改善的现象不同，集成电路中互连线的几何形状的减小对其性能具有强烈的不利影响。这是因为在纳米尺度上缩小金属薄膜的几何尺寸会增加其电阻，从而对电流传导产生不利影响。假设随着晶体管的缩小，线的宽度 W 和厚度 d（见图 3.22a）用因子 k 缩小（缩小后为 W/k 和 d/k，见图 3.22b），线中的电流密度 J，用电流 I 除以导线横截面的面积来表示 [图 3.22 中的 $J = I/(Wd)$]，增大了因子 k。在导线的几何尺寸达到纳米尺度的情况下，这种缩小会使电流密度达到一个非常高的水平，这种水平的电流密度会产生过量的焦耳热而造成导线损坏。

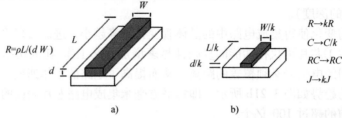

$R = \rho L/(dW)$

$R \rightarrow kR$
$C \rightarrow C/k$
$RC \rightarrow RC$
$J \rightarrow kJ$

图 3.22　由于不希望出现电流密度 J 增加 k 倍，所以不能以缩放因子 k 来缩放互连线的几何尺寸

如上所述，与芯片中的晶体管不同，互连线的几何结构不能缩小。相反，为了适应电路复杂性不断增长的需要而又不必将相当大的芯片表面积用于互连线网络，电路中的导线不再是单层的，而是堆叠于多层金属化结构中。图 3.23 以图解说明了这个概念。

多层金属化方案需要对相邻金属线进行有效的绝缘，防止紧密间隔的金属线之间的"串

扰"。这种不希望出现的"串扰"可能对
电路的工作（尤其是在高频率下）产生致
命的影响。为了使紧密堆叠的互连线之间
的电容耦合最小化，所使用的绝缘体必须
具有尽可能低的介电常数 k（见图 3.23）。
如 2.9.3 节中对低 k 电介质的讨论所示，
低 k 电介质是指 k 值介于 1（空气的介电
常数）和 3.9［二氧化硅（SiO_2）的介电

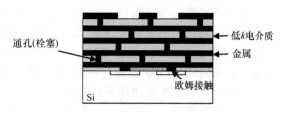

图 3.23　高密度集成电路中的
多层金属化互连方案的示意图

常数］之间的电介质。在降低 k 值并使其尽可能接近 1 的方法中，可以通过增加孔隙率（纳
米玻璃）和一些有机化合物获得 SiO_2 的派生物来向更低 k 值的方向改进。

从关于集成电路工程某些方面的简要概述中可以得出的结论就是构成集成电路的 MOS-
FET/CMOS 器件的栅极缩小有其局限性。因此，不能仅仅依靠增多逻辑门数量来为下一代集
成电路技术提供更好的电路性能。而与此同时，人工智能（Artificial Intelligence，AI）、物联
网（Internet of Things，IoT）、云、自主运输、机器学习等依赖半导体技术的关键细分市场的
需求，给半导体行业带来了压力，迫使其以更具成本效益的方式制造更高密度、超低功耗及
具有散热能力的集成电路。

3.6　图像显示和图像传感器件

在以半导体为基础的消费级产品中，图像显示（显示器）和图像传感（图像传感器）
器件占据着重要的地位。图像显示器件的作用是将电信号处理成显示在显示器上的图像。图
像传感器在用来将光信号转换成电信号以捕获、处理图像的数字系统中起着重要作用。

3.4.6 节讨论了半导体有关显示的应用，本书后
面将进一步讨论。图像传感器件通常被称为成像器
件，它们捕捉描述图像的光，并能够区分入射到器件
的光束内的不同强度，并将其转换为不同强度的电信
号。简言之，半导体图像传感器是所有成像器件的图
像传感和记录部分，如数码相机（DSC），数码摄像
机（DVC），移动设备，医疗、监控、科学和广播仪
器。图 3.24 以单镜头反射式数码相机为例说明了图
像传感器的作用。

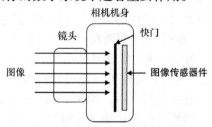

图 3.24　数码相机中的图像传感器件

由于其物理特性，半导体特别适合于制造成像器件。因此，成像器件构成了商业半导体
技术中一个独立的、可行的部分。两种最重要的半导体成像器件都是基于 MOS 结构的物理
特性。第一种是 CCD（Charge Coupled Device，电荷耦合器件）图像传感器，另一种是
CMOS 图像传感器。与入射光产生自由电荷载流子而形成电流的太阳能电池不同，基于 MOS
的成像器件利用的是 MOS 电容器（栅极）的空间电荷区域中电荷分布对入射光强度的敏感
性，将入射光转换成电流信号。由于这些特性，CCD 和 CMOS 成像器件不需要使用具有特

定能隙宽度和能隙类型（直接、间接）的半导体材料，所以它们使用最常见的半导体硅来制造，从而可以充分利用硅基 MOS 器件技术的成熟工艺。

使用 CCD 还是 CMOS 图像传感器可根据具体应用所需的图像捕获的分辨率、功耗、成本和尺寸等来确定。CCD 图像传感器通常用于高质量的成像设备，如广播质量的摄像机，它们的器件尺寸、成本和功耗不是主要问题。而 CMOS 图像传感器通常用于便携式、移动电池供电的消费类产品，例如静态摄影相机（见图 3.24）或智能手机，其中器件尺寸、成本和功耗是主要考虑因素。此外，CMOS 图像传感器可以低光成像，适合用于安防和监控摄像头，这类摄像头可能会在温度变化较大的环境下工作。

3.7 微机电系统（MEMS）与传感器

微机电系统（Micro – Electro – Mechanical System，MEMS）是一类非常独特的半导体器件，根据器件特性的大小也称为纳机电系统（Nano – Electro – Mechanical System，NEMS）。机电半导体器件（见图 3.1）被认为是充分利用硅的优异机械性能的一种方式，这种方式，毫不夸张地说，为在单一材料系统中实现电子和机械功能的集成提供了无限可能。

基于半导体的传感器是另一类重要的半导体器件。半导体材料和器件对外界影响（例如环境的温度和化学成分）敏感的特性，使得半导体特别适合于人们熟知的传感应用。大量的半导体传感器利用了 MEMS 的工作特性，因此本书将在同一节中讨论 MEMS 与传感器。

3.7.1 MEMS/NEMS 器件

MEMS（微机电系统）和 NEMS（纳机电系统）器件集成了机械和电子功能，它们采用了经过略微变更的标准半导体器件制造技术。这种功能的集成成为可能，正是因为硅除了具有前面讨论的优越的电气和成本/制造相关特性外还具有优异的机械性能（见第 2 章）。这种性质组合是硅特有的，用其他任何材料都不行。

MEMS/NEMS 器件从广义上分为微传感器和微执行器两类。在微传感器中，由诸如速度（加速度计）或压力（压力传感器）引起 MEMS 器件中构件的机械运动，从而转换为电信号。在微执行器中，MEMS 器件通过微电机、微齿轮（见图 3.25）和其他结构部件，将电信号转换为机械运动。有两个原因决定了硅是最适合 MEMS 应用的材料。首先，移动的硅部件（如悬臂梁或膜片）在弯曲后释放时，会恢复到原始状态而不会消耗任何能量。这一

图 3.25　采用硅加工的 MEMS 器件的例子（美国 Sandia 国家实验室）

过程几乎可以无限次地重复，而不会产生不可忽视的材料疲劳。其次，硅是一种可以利用现有的制造方法，在同一芯片上集成微电子（MEMS）和电子（集成电路）功能的材料。因此，作为完整片上系统（SoC）一部分的硅基 MEMS/NEMS 组件功能越来越完善，推动了MEMS/NEMS 技术不断发展。

对于所有 MEMS 器件而言，将它的运动部件加工成悬臂梁、膜片等至关重要。将固态硅衬底加工为这些运动部件需要特殊的工艺，这些工艺是 MEMS 制造程序所特有的，称为MEMS 释放工艺。图 3.26 简要说明了在使用 SiO_2 作为牺牲层下硅基 MEM 器件制备中形成和释放悬臂梁的过程。

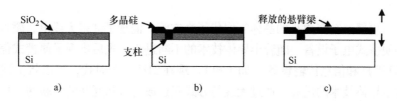

图 3.26　MEMS 中通过释放工艺形成可动悬臂梁的简化示意图：a）硅晶圆上覆盖的图案化
SiO_2 用作牺牲层；b）沉积、图案化多晶硅形成悬臂梁结构；
c）采用无水 HF：醇类溶剂蒸汽刻蚀牺牲层从而释放悬臂梁

在同一芯片上集成电子电路与超小型 MEMS 器件的技术推动着半导体科学与工程的发展。在实际中，MEMS 器件用于许多科技消费品，如传统汽车（如控制气囊展开的加速度计、稳定控制、轮胎压力）、无人驾驶汽车（如陀螺仪和惯性导航系统）、飞机（如自动驾驶功能）、无人机、计算机游戏控制器、智能手机、能量收集系统、用于视频投影的数字光处理（Digital Light Processing，DLP）系统、健康追踪器件等。生物 MEMS 器件则有特别的作用，它能够借助微流体科学和工程所探索的微通道和微腔中流体的异常行为使得片上实验室（Lab – on – Chip）技术成为可能。

3.7.2　传感器

在这里，"传感"这个动作可以理解为物理物体实时检测其物理及化学环境变化，并将这些变化转化为可测量信号（如电流）的能力（见图 3.1）。如前所述，半导体材料和器件特别适合于传感应用，因为与金属和普通绝缘体不同，半导体的一些物理特性会随着环境物理或化学特性的变化而变化。就半导体而言，当暴露在影响半导体材料特性的环境中时，可以通过利用半导体材料特性的变化来实现传感。例如，图 3.27中显示了带有气敏涂层的 MOSFET 作为化学传感器的使用。在这个例子中，由于环境对传感器沟

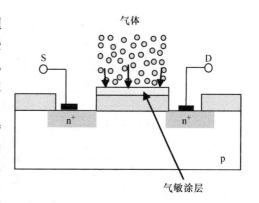

图 3.27　将 MOSFET 的金属栅极替换为气敏涂层
就形成了气体传感器

道内电势的影响（而不是栅极电压影响），晶体管的输出漏极电流 I_D 随之变化，从而反映出气体环境成分和密度的变化。

从应用的角度来看，半导体传感器有几种不同的类型。除了机械传感器（见图 3.26 中的可响应加速度的悬臂梁）和化学传感器（见图 3.27）外，还有（响应磁场的）磁传感器、辐射传感器、热传感器以及声学传感器等。生物传感器是一类特殊的半导体传感器，其中基于半导体的生物传感系统为医疗预防、诊断和监测提供了独特的解决方案，下一节将对此进行讨论。

3.8　可穿戴及可植入半导体器件系统

由于更小、更轻、功率更小的晶体管取代了真空管，涌现了许多无线电、磁带录音机、无线通信设备等便携式电子设备。随着半导体技术的不断进步，先后出现了便携式信息处理设备（如便携式计算机）和信息传输设备（如手机）。现在到达一个时代，可以将上述所有这些设备，再次借助半导体技术的进展，通过无线的方式互连成为万物互联的物联网（IoT）。

鉴于强调便携性、移动性和随行可及性的发展，超轻和超低功耗、基于高端半导体的电子和光子器件和系统与我们的身体和穿着的衣服的永久或临时集成正持续积极增长。它不仅仅是我们口袋里能装的东西（智能手机、笔记本等），它还涉及与我们的衣服结合在一起或附着在我们身体上的仪器，目的是与我们的身体功能相互作用。

本节的注解旨在突出可穿戴半导体电子学和光子学作为半导体工程中被广泛理解的技术领域中越来越重要的一部分。正是本着这种精神，图 3.28 给出了基于可穿戴半导体的电子仪器的示例，这些电子仪器的选择有助于明确可穿戴技术中的四个类别，这些类别是为本讨论的目的而确定的。

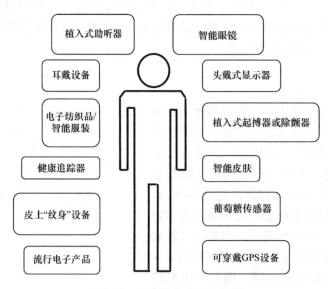

图 3.28　可穿戴技术设备示例

第一类设备与我们仅仅出于方便而随身携带的设备（如智能手机）不同，它们是设计用来与身体进行互动的。健康追踪器和智能眼镜是这类设备的代表。前者在许多方面采用MEMS 传感器技术，为用户提供有关健康情况的详细信息。而智能眼镜则是将计算机屏幕投射到佩戴者眼前的眼镜镜片上，为佩戴者创造一种"增强现实"的感觉。在这里，智能眼镜将基于半导体电子学的计算能力与半导体成像器件的图像处理特性相结合。

第二类设备是永久集成在织物中的可拉伸、耐洗涤的半导体器件和电路。正是电子纺织品（e-textiles）和智能服装的概念大大增强了可穿戴电子设备的应用范围。电子纺织品是将适当形状和经过适当加工的计算电子电路、LED 和传感器与织物纤维编织在一起的纺织品。

第三类包括半永久性或永久性皮肤表面器件，它们是利用有机半导体的柔韧性特性将其与高度柔韧和可伸缩的人类皮肤集成。例如，作为传感器的柔性电子纹身可以直接印在人体皮肤上。这种电子智能皮肤装置可以用来监测中风患者的健康状况、生病婴儿的心跳或者监测运动者汗液的生物化学特性。

最后一类可穿戴电子设备有点特殊，它是安装在我们身体内的植入式设备，用于监测和/或刺激某些重要的身体功能。在一系列植入式电子设备中，突出的代表是人工心脏起搏器和内耳植入式助听器。

嵌入或附在士兵制服上的设备及仪器是可穿戴半导体系统功能的最好说明，因为士兵们必须应对战场上遇到的各种挑战。这些功能包括但不限于威胁检测、全球定位系统（GPS）、健康监测、夜视、识别标签、包括显示器的通信系统以及太阳能电池等。

除了人类，将微芯片植入动物体内，用于识别和跟踪动物也是一种常见的做法。毫无疑问，无论植入设备的工作原理是什么，没有内置、超低功耗、超微型的半导体电子电路，就没有植入式设备的正常工作。

关键词

英文	中文名称	英文	中文名称
accumulation	累积	channel, channel length	沟道，沟道长度
active region	有源区	Charge Coupled Device（CCD）	电荷耦合器件
amplifying action	放大作用	common-base	共基极
analog integrated circuit	模拟集成电路	common-collector	共集电极
Application Specific Integrated Circuit（ASIC）	专用集成电路	common-emitter	共发射极
		Complementary MOS（CMOS）	互补 MOS
ballistic transport	弹道输运	depletion	耗尽
base width	基区宽度	digital integrated circuit	数字集成电路
bipolar device	双极器件	diode	二极管
bipolar transistor	双极晶体管	discrete device	分立器件

（续）

英文	中文名称	英文	中文名称
display technology	显示技术	Metal – Oxide – Semiconductor Field – Effect Transistor （MOSFET）	金属 – 氧化物 – 半导体场效应晶体管
electro – mechanical device	机电设备		
electroluminescence	电致发光	Metal – Semiconductor FET （MES-FET）	金属 – 半导体场效应晶体管
electronic device	电子器件		
electrostatics	静电学	Micro – Electro – Mechanical System （MEMS）	微机电系统
emissive display	发射式显示器		
Equivalent Gate Length （EGL）	等效栅极长度	microprocessor	微处理器
Equivalent Oxide Thickness （EOT）	等效氧化层厚度	monolithic integrated circuit	单片集成电路
field – effect transistor （FET）	场效应晶体管	Moore's Law	摩尔定律
FinFET	鳍式场效应晶体管	multi – gate FET （MuGFET）	多栅场效应晶体管
gate, gate length	栅极，栅极长度	multilevel metallization	多层金属化
gate scaling	栅极缩小	N – MOSFET	N 型 MOSFET
Heterojunction Bipolar Transistor （HBT）	异质结双极晶体管	ohmic contact	欧姆接触
		organic LED （OLED）	有机发光二极管
hybrid integrated circuit	混合集成电路	organic photovoltaics	有机光伏
image sensor	图像传感器	organic semiconductor	有机半导体
imaging device	成像器件	organic solar cell	有机太阳能电池
implantable device	植入式设备	Organic TFT （OTFT）	有机薄膜晶体管
Insulated Gate FET （IGFET）	绝缘栅场效应晶体管	p – i – n – diode	p – i – n 二极管
integrated circuit （IC）	集成电路	P – MOSFET	P 型 MOSFET
interconnect line	互连线	p – n junction	p – n 结
inversion	反型	p – n junction diode	p – n 结二极管
Junction FET （JFET）	结型场效应晶体管	phonon	声子
laser action	激射	photodiode	光电二极管
laser diode	激光二极管	photoelectric effect	光电效应
LED display	LED 显示屏	photoluminescence	光致发光
LED lighting	LED 照明	photon	光子
light converting device	光转换器件	photonic device	光子器件
light emitting device	发光器件	photovoltaic effect	光伏效应
light emitting diode （LED）	发光二极管	photovoltaics （PV）	光伏
Metal – Insulator – Semiconductor （MIS）	金属 – 绝缘体 – 半导体	potential barrier	势垒
		radiation sensor	辐射传感器
Metal – Oxide – Semiconductor （MOS）	金属 – 氧化物 – 半导体	rectifying device	整流器件
		scaling rule	缩小规则

（续）

英文	中文名称	英文	中文名称
Schottky contact	肖特基接触	surface scattering	表面散射
Schottky diode	肖特基二极管	switching action	开关作用
semiconductor device	半导体器件	Systems – on – Chip（SoC）	片上系统
semiconductor diode	半导体二极管	technology node	技术节点
semiconductor laser	半导体激光器	Thin – Film Transistor（TFT）	薄膜晶体管
semiconductor solar cell	半导体太阳能电池	transistor architecture	晶体管结构
semiconductor	半导体	transistor	晶体管
solar cell	太阳能电池	tunnel diode	隧穿二极管
spin transistor	自旋晶体管	tunneling	隧穿
spontaneous recombination	自发复合	unipolar device	单极器件
stimulated emission	受激辐射	unipolar transistor	单极晶体管
surface state	表面态	white LED	白光发光二极管

第4章

工 艺 技 术

章节概述

半导体工艺技术是一种为制造半导体器件而开发、应用的技术，它包括了为半导体器件制造而设计的专用复杂工具、方法和工序。由于一些如尖端逻辑集成电路器件是极少数能够实现原子级精度并批量生产的产品，这使得半导体制造业成为独一无二的行业。为了说明这一论断的正确性，以尖端逻辑 CMOS 电路中的 10nm 长的栅极为例，这个长度只是大约 30 个硅原子，甚至比超高频晶体管中的量子阱层更薄。此外，还有纳米级半导体材料系统，例如一个原子厚的石墨烯或直径小于 10 个原子的纳米点，这些都是很容易买到的。

本章讨论与半导体加工相关的问题，这些问题本质上是一般性的，而不囿于所涉及材料的具体类型。本章中的讨论反而与衬底几何相关的工艺实施、工艺介质、制造工艺所消耗的能量、工艺环境和半导体工艺中使用的工具配置有关。

4.1 工艺角度看衬底

在半导体器件制造中各种工艺步骤的实现方式取决于制造器件所使用的材料尺寸、形状、柔韧性和化学成分。本节是对 2.8 节的扩展，概述了半导体器件技术中与衬底相关的问题。在 2.8 节的基础上，本节区分了三种与不同衬底相关的工艺实现方式。

4.1.1 晶圆衬底

用于制造功能器件最常见的半导体材料是厚度小于 1mm 的单晶薄晶圆。在本书第 2 章中详细地讨论了各种类型的半导体晶圆和晶圆的制造流程。本节总结了制造中与晶圆选用相关的一些实践方面的问题。

首先需要根据大小、形状（矩形和圆形）以及晶向选择晶圆。对于某些 II - VI 族化合物半导体而言，其商用圆形晶圆的直径可小至 20mm，而商用硅晶圆的直径可大至 450mm。显然，尽管不管晶圆的尺寸多大，在器件制造过程中所经历的工艺性质都是相同的，但是各种操作的实现方式以及晶圆的处理方式取决于晶圆的尺寸和形状。例如，用于制造太阳能电池的薄至约 50 μm 的方形硅片，主要考量因素是材料成本而非衬底的机械稳定性；而对于约 1000 μm 厚、直径 450mm 的圆形晶圆的主要考量因素是机械稳定性。

在以下讨论中，基于晶圆的制造流程的考虑将限于使用刚性圆形晶圆的主流制造工艺。

这里假定在这类晶圆上执行的工艺充分代表了半导体器件制造中采用的不同方式和方法。

随着半导体技术中的衬底晶圆越来越大，从而在晶圆上可以制造的器件数量越来越多，每一个器件的成本得以降低。在半导体制造中，一个重要的成本控制方式就是在晶圆上形成尽可能多的相同器件或芯片。如图 4.1a 所示，经过数百次精确执行的操作后，最开始的裸晶圆变成包含芯片阵列的晶圆，每个芯片中都包含一排排功能器件（见图 4.1b）。在完成整个制造流程后，将晶圆切割成单独的芯片，然后根据芯片规格将其封装并应用于电子电路。

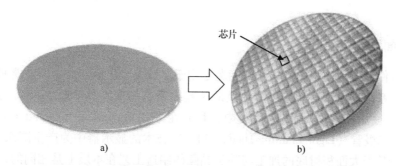

芯片

a) b)

图 4.1 从裸半导体晶圆到包含数百个独立器件/芯片的成品晶圆

在工艺实施方面，可以选择一次将一个晶圆暴露在工艺环境中，这种工艺称为单晶圆工艺；也可将多个晶圆分批载入工艺设备然后同时进行加工，这种工艺称为批量工艺（见图 4.2）。正如第 5 章中将讨论的那样，有些制造步骤不能在晶圆上批量加工，但是有些制造步骤可以选择批量工艺或单晶圆工艺的模式。

批量加工时晶圆的排列方式（见图 4.2）取决于需要进行的工艺性质。例如，在各种薄膜沉积、生长等高温工艺中，通常选择将晶圆垂直装入晶圆舟中的排列方式（见图 4.2a）。图 4.2b 中所示的排列方式在低压工艺中较为常见，而图 4.2c 中所示的涉及使用耐腐蚀的晶圆盒的批量工艺是湿法工艺的核心，湿法工艺中晶圆需要被浸入液态化学试剂和水中（见4.2 节）。

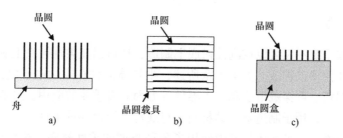

晶圆 晶圆 晶圆

舟 晶圆载具 晶圆盒

a) b) c)

图 4.2 半导体制造中不同的批量生产实现方式示意图

批量工艺的优势在于更高的制造产量，其中产量的定义为制造工具每小时加工的晶圆数。但在另一方面，任何工艺故障都会影响整个批次，并使批量工艺产生的损失成倍增加。而在单晶圆工艺中，工艺故障仅影响单个晶圆，而且由于每个晶圆可以单独监控，因此可以实现实时检测。此外，随着晶圆越来越大、越来越厚、越来越重，例如每片 450mm 的硅晶圆重量约 200g，而 200mm 的硅片重量仅约 50g。负载重量的增加使得对处理批量晶圆的高精度机械臂的要求更高。考虑到上述所有因素，先进半导体制造业中逐渐增多的加工步骤是以单晶圆模式实现的也就不足为奇了。

需要注意的是，上述关于直径不超过 450mm（或正方形、矩形的等效面积）的刚性晶圆衬底的讨论并不局限于单晶半导体晶圆范围。正如本书前面的讨论所指出的，还有其他用于制造半导体器件的衬底，例如蓝宝石晶圆，其加工工艺遵循与半导体晶圆类似的规则和限制。

4.1.2　大面积衬底

半导体器件制造中一个非常重要的问题是用于制造大型显示器的超大玻璃面板。它与半导体技术的联系在于显示器制造中所涉及的关键要素是与薄膜晶体管（TFT，见 3.4.6 节）制造有关的工序。在有源矩阵显示器中，TFT 在采用液晶显示（Liquid Crystal Display，LCD）或发光二极管（Light Emitting Diode，LED）技术的显示器中为产生图像的部件通电。理论上来说，基于大面积衬底的加工与基于晶圆的制造工艺在本质上是相同的，但是需要修改工艺的实现方式以适应大面积衬底的加工需求。

为了更好地理解超大玻璃衬底上的 TFT 制造技术所面临的挑战，让我们对比一下刚性晶圆和 TFT 制造使用的玻璃基板。直径 450mm 的硅晶圆，其表面积为 $0.161m^2$，重量约为 $0.2kg$；相比之下，第 10 代母玻璃基板为 $2.85m \times 3.05m$，表面积为 $8.693m^2$，比最大的硅片大 50 倍以上。而重量取决于玻璃的厚度和类型，最大的玻璃基板重量在几十千克。这意味着，与传统的基于晶圆的制造相比，基于超大玻璃基板的半导体器件制造需要更大的工具和经过调整的制造基础设施。在这两种情况下，追求大面积都是为了降低最终产品的价格。此外，这两种情况下生产方案的一般方法是相同的，整个基板都要经过处理，并且只有在完成全部工序之后，晶圆才被分离成单独的芯片，而超大玻璃基板将被切割成更小的面板，在额外加工之后这些面板最终被做成电视的大屏幕。

4.1.3　柔性衬底

半导体器件和系统不仅可以在刚性衬底上制造，还可以在柔性衬底上制造并使得半导体器件和系统的功能性得以扩展。如第 3 章所述，半导体器件在柔性电子电路、柔性显示器、太阳能电池、照明板、可穿戴电子和光子器件等方面有着重要的应用。显然，实现柔性半导体电子和光子器件时，用于制造器件的材料和衬底都需要足够的柔性。

如 2.8.2 节所说的，半导体技术中使用了各种类型的柔性衬底。这里要指出的一点是，与在刚性衬底上执行的工艺相比，使用柔性衬底需要对制造技术进行重大调整。这意味着与刚性基板结合使用的相同操作（例如沉积或图案定义）必须适应柔性基板（例如塑料箔）的需求。

根据应用，塑料基材可以作为固定的单独片材进行处理，也可以作为在称为卷对卷

（Roll - to - Roll，R2R）工艺的退绕辊和重绕辊之间移动的箔带进行处理。如图 4.3 所示，在辊之间移动的箔会暴露于形成器件特征所需的操作中。在典型的商业 R2R 工艺中，涉及多个辊，允许在移动的箔上顺序执行多个操作。以这种方式，可以形成包括半导体器件的多层材料系统。从本质上讲，R2R 工艺类似于报纸印刷机的操作。

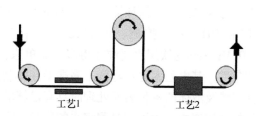

图 4.3　在柔性衬底（如塑料带）上制造半导体器件时所采用的卷对卷（R2R）工艺示意图

4.1.4　关于衬底的进一步讨论

由于本书目标和范围有限，本章和第 5 章中有关半导体制造工艺原理的进一步讨论将集中在刚性晶圆衬底上，仅偶尔对本节中提及的其他类型的衬底进行评论。因为除了在半导体制造中非常常见之外，刚性晶圆基板还是一个很好的平台，所以可以以此为基础讨论半导体器件制造的原理。

4.2　液相（湿法）工艺

尽管从所需的基础设施和安全角度来看成本和要求相对较高，但是不能从半导体器件加工中排除涉及液态化学试剂和水的湿法工艺，尤其是加工材料的清洗（见 4.5 节和 5.2 节）及材料的刻蚀（见 5.6 节）。

考虑到所使用材料的多样性和各种形状的衬底，在半导体制造中有各种各样的湿法工艺。需要指出，一些衬底和工艺实施技术与传统的湿法工艺不兼容。此外，可能出现的表面张力和气泡会阻碍液体试剂对精细、高深宽比表面特征的渗透。

在与湿法工艺兼容的情况下，最常见的实现方式是将加工材料浸入液体试剂，或在某些情况下使用喷雾替代。然而，无论实施何种湿法工艺，任何湿法工艺的关键要素都是水和液态化学试剂的成分。

4.2.1　水

水不仅直接在半导体晶圆的湿法工艺中有所应用，而且在半导体制造的其他部分（例如在冷却应用中）也是一种特别重要的介质，它是半导体制造中最大的消耗品。实际上每片晶圆的耗水量至少超过能源、元素气体和特殊化学品三种消耗的总和。

在器件制造过程中，水主要用于三个目的。首先，水是一种试剂，用于配置加工晶圆所需的化学溶液成分；其次，水用于通过使半导体晶圆暴露于其中的水反应性化学物质溢出来停止化学反应；最后，水是一种用于通过漂洗去除表面化学反应产物的试剂。

半导体器件加工过程仅使用纯度最高的水，称为去离子（DI）水或脱矿质（DM）水，这种水被除去了所有电离的有机和无机矿物盐。电阻率是衡量水纯度的标准。绝对的纯净水定义为未暴露于任何环境中的25℃的水，它的电阻率为18.2MΩ·cm，而此时电阻率完全由 H^+ 和 OH^- 离子控制，因此比电阻率在0.5MΩ·cm范围内的蒸馏水和电阻率小于0.01MΩ·cm的饮用水要纯净得多。简单来说，去离子水只含有 H_2O，即使稍微偏离无离子的条件，其电阻率也会降低。高端半导体制造中使用的水的电阻率必须为18MΩ·cm，以确保当涉及液体的各种表面处理时具有足够的性能。为了达到这一纯度水平，在半导体制造业的标准程序中，为了实时测定水的质量，需要对水的电阻率进行持续监测。

水的去离子过程通常采用离子交换和反渗透装置。去离子可增强水控制细菌菌落等有机污染的能力，这些细菌菌落可能变成粘附在加工表面的颗粒。在去离子水中溶解适量的臭氧（臭氧为强氧化剂）的水称为臭氧水，它被广泛用于半导体工业。

4.2.2　特殊化学试剂

在半导体工艺中，用于去除材料的液相刻蚀和使用液态化学试剂的表面清洁操作会消耗大量的液态化学试剂。需要根据被加工材料的化学成分选择液态化学试剂，并且在半导体器件制造过程中，各种固体所用的化学品可能有很大的差异。

半导体技术中广泛使用的几种液态化学试剂包括酸、碱、有机溶剂等。其中酸包括氢氟酸（HF）、硫酸（H_2SO_4）、盐酸（HCl）等；碱包括氢氧化铵（NH_4OH）、氢氧化钾（KOH）和氢氧化钠（NaOH）等。半导体工艺中使用的其他化学试剂的种类相对较多，例如过氧化氢（H_2O_2）、氟化铵（NH_4F）和氯化硅（$SiCl_4$）。此外，有机溶剂包括异丙醇（C_3H_8O，通常称为IPA）、甲醇（CH_3OH），它们是湿法工艺中的重要试剂。在一些涉及光刻的特殊操作中（见5.5节），需要使用光刻胶、粘附促进剂和显影液。

类似于水，在半导体制造湿法工艺技术中，化学品的纯度也是一个关键问题。只有最高纯度的化学品才适用于高端半导体制造，因为任何带有颗粒和微量金属杂质的液态化学试剂污染都可能对制造工艺的性能产生灾难性影响，并最终影响到所制造器件的性能。污染程度由水和液态化学试剂体积（mL）中的颗粒数量表示。在最纯净的半导体级化学品中，铁、铝或铜等微量金属的污染程度以十亿分之一（Parts-Per-Billion，PPB）表示。

在大型半导体制造设施中，为了减少液态化学试剂污染的机会，最大限度地降低加工成本，并提高与处理大量高腐蚀性化学品相关的安全性，实施了使用点（point-of-use）化学品生成程序。按照此程序，通过将超纯去离子水与气态化学品（如 NH_3）或无水（无水蒸气）酸（包括HF和HCl）在原位（使用点）混合，生成所需的水性化学品。上文描述的臭氧水的生成是液态化学试剂在使用点生成的一个例子。

作为对半导体器件技术中使用的工艺化学品的总结性评论，需要特别强调的是，其中有许多是剧毒和腐蚀性液体，因此必须严格按照既定程序小心处理和处置。

4.2.3　晶圆干燥

在完成湿法工艺后，晶圆都需要经过水洗、干燥处理。因为留在表面的水蒸发后会吸引微粒并在表面留下水痕，所以在任何湿法工艺之后都需要进行除水、干燥步骤以改善晶圆的表面状况。

　　直接对晶圆表面吹风干燥是一种非常粗糙的晶圆干燥，气体可以采用洁净空气流，而干氮气流是更好的选择。这种粗糙的方法在一些情况下可以用于研究和工艺开发，但不适用于半导体器件的商业化制造过程。在要求较低的器件制造中，一般使用旋转干燥，即在清洁空气中快速旋转晶圆，通过离心力将水从表面去除。

　　在涉及纳米级器件的要求苛刻的成熟工艺中，一种可选择的干燥方法是在异丙醇（IPA）环境中利用 Marangoni 效应。图 4.4 中所示的方法称为 IPA 干燥或 Marangoni 干燥。该方法利用固体与去离子水和 IPA 蒸汽接触的表面张力之间的差异来产生一个张力的梯度，从而将水从暴露于 IPA 的表面部分推入水中。如图 4.4 所示，将样品（例如半导体晶圆）从水中拉到 IPA 蒸汽和氮气的环境中就可以使晶圆表面达到快速、有效的干燥。

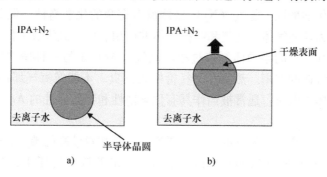

图 4.4　半导体晶圆的基于 Marangoni 效应的 IPA 干燥

4.3　气相（干法）工艺

　　完全在气相中进行的工艺称为干法工艺，它是不同于半导体制造中液相（湿法）工艺的另一种工艺。干法和湿法工艺在支持化学反应的能力方面相似，这两种类型的化学反应都是为实现特定的工艺目标而设计的。例如，在一些刻蚀操作中，使用 HF: 水的湿法工艺解决方案可以用无水 HF: 水蒸气代替。

　　和完全依赖于与加工材料发生化学反应的湿法工艺不同，干法工艺还允许气相物质与加工材料之间发生物理相互作用。这类气体物质可以带电，也可携带大量动能，电荷和动能都可以用来加强气体与加工材料的相互作用的方向性（各向异性）。由于完全依赖化学反应，湿法工艺是高度各向同性的。这是干法工艺与湿法工艺最根本的一个区别，因此在半导体制造中干法工艺得到了更广泛的应用。而干法工艺有别于湿法工艺的另一些优点是：①气体环境（尤其是减压环境）下控制污染物比在液体中控制污染物更容易；②在半导体制造设施中处理大量水和液态化学试剂所需的成本较高。

　　下文讨论的重点是半导体工艺中使用的常见气体以及在减压和真空条件下进行的气相工艺的基础。

4.3.1 气体

基本上任何半导体制造工艺都需要气体，这些气体要么提供受控的工艺环境，要么以离子的形式化学或物理地参与该过程。与液体类似，纯度也是半导体器件加工中所使用气体的首要顾虑。在加工中仅能使用纯度等级最高的气体（以百分比表示），例如 > 99.9995%。而某些应用中需要纯度高达 99.99999% 的气体。

在下面的讨论中，半导体技术中使用的气体被分为惰性气体和工艺气体。在正常条件下，惰性气体不参与任何化学反应；工艺气体也被称为特殊气体，可与其他气体或与暴露在其中的固体发生化学反应。

惰性气体 惰性气体在干法工艺中的作用相当于去离子水在湿法工艺中所起的作用，即对所加工材料保持化学惰性。氮气（N_2）虽然没有完全的化学惰性，但氮气的相对惰性足以有效地发挥其作为环境气体、载气和吹扫气体的作用。由于氮气成本低且较为安全，它普遍用于所有需要惰性气氛的半导体制造过程。氩气（Ar）是另一种惰性气体，在半导体制造中也可以起惰性气体的作用。然而，氩气价格太昂贵，不能像氮气那样大量使用。不过，氩气在工艺需要气体放电时，通常被当作具有化学惰性和物理活性的 Ar^+ 离子使用（见 5.6 节的讨论）。

从实际应用的角度来看，氮气的一个重要特性是其相对较高的沸点，这允许在工业规模上将气态氮转化为液态氮（Liquid Nitrogen，LN）。在正常大气压下，当温度低于 77.2K（−196℃）时，氮气以液体的形式存在。液氮储存在一种称为杜瓦瓶的隔热容器中，在半导体工艺中，液氮可以蒸发形成用作清洁的氮气，也可以留在液相中用作冷却剂，例如在半导体技术中所使用的真空系统（见本节后面的讨论）。

工艺气体 也称为特种气体，是干法工艺的基础。工艺气体的选择取决于待执行工序的特殊性（例如沉积或刻蚀）以及被加工材料的化学成分。鉴于各种工艺的不同需求，以及用于构建半导体器件的材料范围广泛，半导体制造中使用的工艺气体种类繁多，包括化学复杂的气态化合物。例如硅与各种元素组成的气体化合物就包括氢化物（SiH_4）、卤化物（$SiCl_4$）、有机硅化合物 [$(CH_3)_{4-x}SiCl_x$] 或硫化物（例如 SiS_2）。

考虑到所涉及的化学相互作用的多样性和复杂性，即使是对半导体工程中大量使用的特殊气体进行简单概述也超出了本书的讨论范围。此外，在第 5 章中，本书将结合半导体器件制造中涉及的具体工艺来说明特种化合物气体应用的某些方面。在这里仅总结氢和氧这两种基本工艺气体的关键特性。

氢由一个质子和一个电子组成，尽管在自然界中很少以纯氢的形式出现，但氢是宇宙中最简单、最轻和最丰富的元素。作为一种高度易燃和具有潜在爆炸性的气体，处理氢时需要特别留意，尤其是要留意氢与氧的相互作用。根据工艺和加工材料的不同，氢气可以用作惰性气体或工艺气体，因此氢气也许是半导体器件制造中最通用的气体。例如，氢气在硅的薄膜沉积过程中用作还原剂。在制造多层 Ⅲ − Ⅴ 族器件时，氢气还用作镓、砷和磷的前驱体的载气和稀释剂。此外，含有 5% ~ 15% 氢气和氮气的混合气体形成所谓的"合成气体"，通常用于各种工艺流程，用于稳定处理后的半导体表面。

作为强氧化剂，氧气用来在半导体（如硅）表面形成一层天然氧化物。还可以利用氧气的氧化强度，将有机化合物薄膜氧化并使其挥发，达到从衬底表面去除有机污染物的目的。此外，当暴露于短波辐射时，氧分子 O_2 分解产生两个氧原子（2O），然后氧原子与氧分子结合产生臭氧分子 O_3。高氧化强度臭氧用于半导体器件制造的一些工艺，例如将臭氧通入去离子水中以形成所谓的臭氧水。

气流流量测量 气流流量测量是半导体制造技术中气体供应系统的一个组成部分，在半导体制造中必须完全控制气体的体积和每种气体的输送速率。质量流量控制器（Mass Flow Controller，MFC）在这方面起着关键作用，在 MFC 中气体流量以标准立方厘米每分钟（sccm）为单位进行测量。MFC 是针对特定气体而构建和校准的，所以不同气体可能需要不同的 MFC。在对控制程度要求较低以及在使用大量气体的场合，气体流量计的测量单位为升每分钟（L/min）。

总之，重申先前在讨论液体工艺化学品时提出的观点，需要特别强调的是，因为干法工艺中使用的大多数气体都是有毒、有腐蚀性的高挥发性物质，因此在处理所用气体时也必须极其谨慎，必须严格按照既定程序并极为小心地处理和处置。除了前面讨论的惰性气体和氧气之外，基本上所有涉及工艺气体的设备必须配备足够的排气系统，使用它们的设施必须配备有效的气体洗涤装置以便在工艺气体被释放到大气之前分解。

4.3.2 真空

在任何制造技术的上下文中使用"真空"一词都不完全正确，因为真空指的是完全没有任何物质的空间，但是①在普通地球条件下无法实现，并且②真空本质上是一个空的空间，所以真空在半导体制造中的应用有限。因此，在实际的半导体术语中，"真空"是指气体压力比大气压力（指海平面上的平均大气压力）低几个数量级的空间。在国际单位制（SI）中，压力单位帕斯卡（Pa）定义为每平方米一牛顿的力。然而，在日常半导体工艺相关术语中，更常用的压力单位是托（Torr）。一个标准大气压（atm）、帕（Pa）和托（Torr）之间的关系如下：$1 atm = 1.01325 \times 10^5 Pa = 760 Torr$。

Torr 是本书中使用的压力单位，术语"高真空"（High Vacuum，HV）一词指的是 $10^{-6} \sim 10^{-9}$ Torr 的压力范围的真空，而术语"超高真空"（Ultra-High Vacuum，UHV）指的是 10^{-9} Torr 以下的真空。粗真空、低真空和工艺真空等术语所表示的具体气压取决于上下文，它们的参考范围从约 100Torr（亚大气压）到约 10^{-5} Torr。

真空设施提供了一个特别有利于半导体制造的环境，在半导体制造中环境的纯度和对各种工艺参数的精确控制至关重要。此外，等离子体在半导体制造过程中产生独特且不可或缺的工艺环境（见本章后面的讨论），而产生等离子体时需要在真空下启动气体放电。综上所述，真空设备在半导体制造基础设施以及所有与半导体相关的研发工作中显然都是无处不在的。

真空泵和真空计是所有真空系统的关键元件，真空泵用于从工艺室中排出空气，真空计用于测量真空设备中的压力。此外，用于识别真空室中存在的残余气体种类的残余气体分析仪（Residual Gas Analyzer，RGA）也是半导体加工中使用的典型真空系统的组成部分。

图4.5列出了典型真空系统中使用的泵和仪表的类型。在图4.5所示的泵类型包括低真空泵和高真空泵，低真空泵用于将压力从大气降低到低真空水平；高真空泵用于进一步从腔室中排空气体，直到达到所需的高真空水平然后维持需要的时长。常见的低真空泵是正排量泵，例如旋片泵和罗茨泵，它们通过其部件的旋转运动将空气从腔室排到排气口。

要将系统抽至高真空水平需要使用高真空泵（见图4.5），包括动量传递泵和捕集泵。在动量传递泵类型中，扩散泵利用携带动量的高速油蒸汽流来推动气体分子向排气方向运动。由于油气回流和真空系统的污染，因此在商业半导体制造设备中很少使用扩散泵。取而代之的是清洁（无油）的高速涡轮分子泵（简称涡轮泵），高速涡轮将气体从工艺室中排出并将其引导至排气口。涡轮泵是半导体器件技术中常用的高真空器件，由于其多功能和高性能而处于核心地位。另一类高真空泵是基于捕集原理。这一类最常见的代表是低温泵，它通过泵内冷表面上的气体物质的吸附来完成气体的去除。而离子泵中的气体物质是先电离后在阴极被捕获来完成气体的去除。高真空泵的选择取决于从系统中排出的气体类型、工艺的目标压力以及所需的泵速。

根据压力的不同，真空设备中通常使用两种类型的压力计来测量压力（见图4.5）。低真空皮拉尼规用于大气压至 10^{-4} Torr 的压力范围，而高真空电离规用于测量 $10^{-4} \sim 10^{-8}$ Torr 的压力。

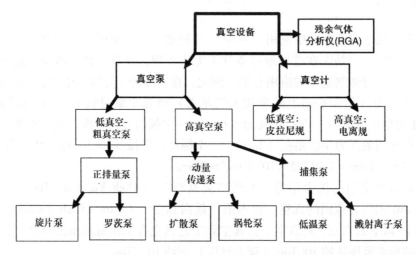

图4.5   半导体工艺工具中在低压下工作的真空设备以及所用的真空泵和真空计类型

由于缺乏在大气压到高真空范围内都能高效工作的真空泵，典型半导体工艺的真空需要两级泵来实现。首先开启粗真空泵，将工艺室中的压力降低到高真空泵能够运行的压力。然后高真空泵接管泵送功能，同时粗真空泵重新连接高真空泵以支持其运行。附带说明一点，将工作的高真空泵暴露在大气压力或略低于大气压力的空气/气体中，会使泵停转，使其无法正常工作，并且维修费用昂贵。

为了防止内爆，高真空系统的零件需要使用机械坚固的材料（如不锈钢）制造，然后焊接到较大的元件中。高真空工具通常配有电控气动阀。如果由于系统完整性受损而无法保持高真空，则可使用检漏仪定位薄弱点。使用液氮冷却真空系统的某些部分是一个标准程序，尤其对于一些如扩散泵和低温泵的高真空泵。

4.4 半导体制造中的工艺

显而易见，除非在其整体或表面上应用所需工艺并输送一定能量到晶圆上，否则半导体材料的物理或化学特性不会发生任何变化。本节将回顾半导体器件制造过程中向晶圆传递能量的各种方法，并基于此确定各种类型的半导体工艺。

需要注意的是，当不希望过度使用一种类型的能量，例如热能时，可以同时使用不同的能源。例如，可以将半导体晶圆暴露于短波长辐射的方法使得晶圆表面温度上升以启动给定的工艺。

4.4.1 热处理工艺

大量半导体制造工艺应用了热能的促进作用，例如薄膜沉积、掺杂剂引入、氧化过程以及改变器件材料特性的处理。提高晶圆温度可使得晶格中原子的热振动增强，这不仅使得固体内部的结构重排，而且可能促进固体中外来原子的迁移。因此在器件制造过程中的许多场合，衬底晶圆的温度都显著高于室温。加热的程度可能有很大不同，具体程度取决于材料和工艺的需求。例如促进碳化硅（SiC）氧化需要 1200℃ 的温度，而 200℃ 的温度就可能已经是塑料衬底的极限温度。

在实践中，温度只是定义传递到晶圆的热能量（thermal budget，热预算）的一个要素。热处理时间是定义热预算的另一个要素。如果暴露在高温下的时间很短，例如在 10 ~ 30s 的范围内，那么即使在温度高达 1000℃ 的情况下，该工艺也被视为低热预算工艺。相反，如果晶圆在 1000℃ 下暴露超过 30min，那么传递到晶圆的热能就足以将该工艺归类于高热预算工艺。一般来说，除非工艺的特殊需求而需要晶圆长时间暴露在高温，否则首选低热预算工艺。

下面，我们将讨论半导体技术中热能使用的各个方面，重点介绍最常见的辐射加热方法。

辐射加热 辐射加热使用能够产生大量热量的元件，然后通过热辐射将热能转移到工艺中的衬底上。最常见的加热元件是高电阻的电阻丝，它的温度上限取决于通过它的电流的水平。用于晶圆加工的热反应器的外壳为一个经过热绝缘、电绝缘处理的不锈钢圆筒，内含一个完整的加热元件。由比如熔融石英一样耐温、非常纯净的材料制成的管子被安装在加热元件内部充当工艺管。加热元件连同工艺管一起安装在适当的框架内，并配备制造工艺所需的其他仪器，这样就成为电阻加热炉。

最常见的是，用于处理半导体晶圆的加热炉系统的加热元件水平排列以形成所谓的水平炉（见图4.6a）。为了进行处理，晶圆被插入到适当形状的舟中的水平工艺管中，舟由熔融石英、多晶硅或碳化硅制成，这些舟连接或加工到悬臂加载系统中。这种布置可防止装载过程中舟皿与工艺管壁之间发生接触，从而避免产生颗粒污染物。

在另一种结构中，工艺管垂直安装以形成立式炉（见图4.6b）。虽然在安装方面要求更高，但垂直结构有利于晶圆装载的自动化，并允许在加工过程中随晶圆一起旋转舟皿，从而实现更好的加工均匀性。由于比水平炉的占地面积小，垂直结构还节省了制造设施的空间。

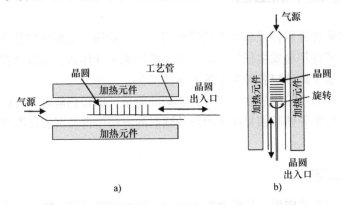

图4.6　电阻加热炉：a）水平结构；b）垂直结构

半导体制造中，完成整个热循环所需时间较长是加热炉处理的一个显著特点。热循环包括将晶圆温度升高到加热炉温度并持续一定时间，最后冷却晶圆，这一系列过程实际所需要的时间不短于15~20min。因此，上文所述的加热炉不适用于低热预算过程，因此需要设计不同的热反应器以实现短时高温热循环。

用于加速热处理的机器称为快速热处理器（Rapid Thermal Processor，RTP）。RTP通常使用的是可即时打开和关闭的高功率卤素灯组，而不是使用传统熔炉中使用的重型加热元件。一次处理一个晶圆（单晶圆工艺）时，RTP可以以高达500℃/s的速率升高晶圆的温度。然而，实际上并不使用如此高的加热速率以免由于热应力而导致晶圆损坏。在RTP内部，晶圆放置于灯组附近，而灯组水平安装于晶圆一侧或两侧（见图4.7）。

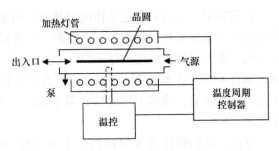

图4.7　单片晶圆快速热处理器（RTP）的结构示意图

感应加热　感应加热是除了辐射加热以外的另一种加热方法。感应加热的概念依赖于高频（50MHz以上范围的微波或100~1000kHz范围的射频）电场能量与待加热材料的直接耦合。低功率的微波加热常见于家用微波炉中。如果所加工的半导体晶圆为大面积晶圆，无论是直接在微波频率下加热，还是在射频区通过石墨接收器间接加热，半导体晶圆受热都不太均匀，因此可能使得借助感应加热而沉积的薄膜厚度不均匀。由于这一局限性，感应加热主要用于加工较小的衬底晶圆。

辐射加热和感应加热会使得整个晶圆的温度升高，故不能实现局部加热。半导体制造中的某些工艺要求能够加热衬底表面的选定区域。为了实现局部加热，到达被加热材料表面的能量必须是以空间受限波束的形式。在这方面的选择只有激光束加热或电子束加热。

激光束加热 激光束加热使用高强度激光束将能量传送到衬底晶圆，光能被晶圆吸收并转化为热量。激光束加热的两个特点使其非常适合局部加热应用：首先，激光束加热非常快，实际上对于传统衬底材料来说，几分之一秒的激光束照射就足以使照射区域的材料熔化；第二，由于激光的空间相干性和光谱纯度，激光束可实现在水平和垂直方向上的局部加热，这意味着可以仅加热被辐照材料表面附近的所选区域，而其剩余部分的温度只受热传导的影响。

激光束所携带能量的吸收深度取决于激光的波长，并由每种材料在任意给定波长下的吸收系数来决定。吸收系数随激光光子能量的增加（更短的波长）而增加。吸收系数越大，越接近被照射材料表面，激光能量就被越多地吸收。应注意的是，吸收系数在非晶态和晶态半导体中是不同的，并且还取决于被辐照材料的掺杂浓度和温度。

适用于半导体加热应用的激光器包括 Nd:YAG 激光器以及氩激光器。如果需要浅层加热，可以使用具有高光束均匀性和稳定输出功率特性的超短波长准分子激光器 [例如氟化氪（KrF）激光器，波长为 248nm]。而对于固体的深层局部加热，高功率长波长的二氧化碳（CO_2）激光器（$10.6\mu m$）则特别合适。

电子束加热 聚焦成细束的电子流也可用于局部加热固体。加速电子携带大量动能，当电子撞击固体表面时，动能转化为大量热量，热量在固体的近表面区域散失。电子束加热水平方向由电子束大小控制，垂直方向由电子加速获得的能量控制。利用高加速能量和高电子束流密度可以很容易地融化固体的局部区域。4.4.3 节将进一步讨论半导体技术中利用的电子束与固体相互作用的一些基本特征。

关于半导体器件制造中使用的热过程的结论如下。热能是最容易实现的工艺促进剂，因此广泛应用于半导体制造操作。然而，在未充分了解其潜在影响的情况下需要谨慎使用。这是因为有几种晶体或非晶半导体材料不能暴露在高于 600℃ 的温度下，或由具有不同汽化特性（不同蒸气压）的元素组成的化合物半导体可能会高温分解。像大多数塑料衬底和一些玻璃衬底一样，有机半导体在高温下可能被彻底破坏。最后，温度升高还可能导致半导体衬底中掺杂剂的重新分布、改变器件的几何结构，并促进不希望的表面反应。需要强调的是，缩短暴露在高温下的时间（快速热处理）、减少工艺的热预算就可以将这些不希望出现的影响降到最低。

4.4.2 等离子体工艺

等离子体通常被认为是物质的第四种状态，从等离子体所占质量或体积来说，等离子体是宇宙中最常见的物质相。等离子体是宇宙的一个关键组成部分，地球周围的气态电离大气也是等离子体。等离子体具有独特特性，当以受控的方式加以利用时，等离子体可成为包括半导体加工在内的许多技术应用的有力工具。

等离子体的产生　等离子体由在电场中部分电离的气体组成，这些气体包括电荷数相等的正电荷和负电荷以及未电离的气体分子，因此等离子体呈现电中性。正电荷由电离过程中原子失去电子而产生的离子提供，例如氩离子 Ar^+（$Ar - e^- \rightarrow Ar^+$）。负电荷是由等离子体中的自由电子产生的，在负离子电离过程中起着至关重要的作用。源于气体分子的物质也可产生负电荷，例如 Cl_2，在电场中分解时形成不成对电子，因此携带负电荷（$Cl_2 \rightarrow 2Cl^-$）。具有未配对电子的物质称为自由基，其化学反应活性比相应的非自由基形式更高。

等离子体是气体在低压（通常在 0.01~10Torr 气压之间）下放电的结果。作为一个例子，图 4.8 简要说明了在传统平行板反应器中由低压氩气产生等离子体的过程。当对于电极（阳极和阴极）之间的气体施加强电场时，自由电子将通过场发射效应从气体分子或电极释放出来。这些电子经过电场加速后最终获得足够的能量，通过非弹性碰撞使气体分子电离，产生离子和额外的自由电子后发生连锁反应将电离过程扩散到整个气体体积，但通常只有一小部分气体原子在放电过程中被电离。电离度用等离子体密度表示，表示电离原子的百分比，通常小于 1%，其余原子保持电中性。在等离子体中发生的自持过程中，原子通过与电子的碰撞不断电离，然后以明亮辉光（辉光放电）的形式迅速释放能量。所发射光的波长由产生等离子体的气体成分决定。

当放置在等离子体腔内的电极上时（见图 4.8），半导体晶圆会与等离子体中的物质发生各种相互作用，这取决于气体及其压力、等离子体反应器的配置，但是最重要的还是取决于向气体施加电场以"点燃"等离子体的方式。在包括半导体加工在内的大多数应用中，在电极之间施加交流电压是施加电场的首选方式（交流电压、交流等离子体）。交流信号的频率可以从几 kHz 到 GHz 范围变化，覆盖整个射频频谱（图 4.8 中在

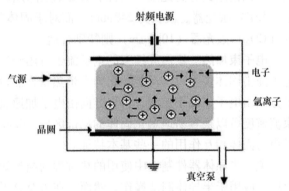

图 4.8　平行板反应器中产生的等离子体

13.56MHz 产生的射频等离子体是一个工业标准），并达到微波范围（2.45GHz 为微波等离子体的标准频率）。

高密度等离子体　在半导体制造工艺的等离子体的实际应用中，低密度等离子体（低于 1%）不能提供有效的等离子体激发工艺。因此，在半导体制造中，更为常见的是高密度等离子体（High Density Plasma，HDP）反应器。等离子体密度的增加是通过将电场的气体电离效应与将自由电子限制在等离子体内的磁场效应相结合来实现的，从而提高电离效率、实现等离子体密度增加。例如，图 4.9a 给出了电感耦合等离子体（Inductively - Coupled Plasma，ICP）反应器的示意图。与图 4.8 中平行板反应器的电容耦合不同，由于是电感耦

合，因此 ICP 反应器可以将等离子体发生器放置于工艺室外部。这种方式将电场和磁场有效地结合起来，增加了等离子体密度。其他能够产生高密度等离子体的反应器包括螺旋等离子体反应器和电子回旋等离子体（Electron Cyclotron Plasma，ECR plasma）反应器。

在某些情况下，加工材料直接暴露于与等离子体有关的高能辐射以及源自等离子体的高能离子可能对加工材料本身或其表面形成的特征结构有害。为了解决这个问题，在半导体制造过程中采用了远程等离子体，也称为顺流等离子体（downstream plasma）反应器。如图 4.9b 所示，在远程等离子体反应器结构中，衬底晶圆暴露于能量较低（energetically relaxed）的等离子体余辉中而不是像平行板反应器（见图 4.8）中那样直接暴露于等离子体及其产物里。

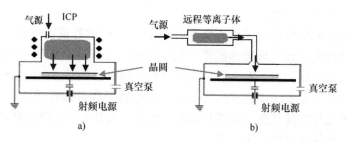

图 4.9　a）电感耦合等离子体（ICP）装置；b）远程等离子体装置

等离子体工艺在半导体技术中的优点可以概括为以下三点：首先，等离子体产生的物质带电，可具有很高的化学反应活性，因此可以用电场来引导所产生的离子参与化学反应。其次，与仅靠热激发相比，等离子体允许更多的反应性工艺化学物质和更低的温度。因此，等离子体增强（Plasma Enhanced，PE）工艺通常用于降低涉及比如薄膜沉积工艺的温度。最后，等离子体是离子的来源，正如本节后面的讨论所揭示的，离子不仅可以作为等离子体的成分，还可用于一些诸如离子注入那样的半导体制造工艺（更多详细的讨论见第5章）。

总之，在半导体工艺中，等离子体是一种制造"工具"，它能产生独特的环境、促进化学反应，以及与正在加工的材料发生物理相互作用。所有这些都使得等离子体成为半导体制造技术中的一种重要的工艺媒介。

4.4.3　电子和离子束工艺

在半导体器件技术中，运动中的电子和离子在撞击固体表面时释放所携带动能的过程得到了广泛的应用。通过电场中的加速，能量被传递给带电的电子或离子。电子或离子携带的能量决定了其对被轰击固体表面和近表面区域的影响。无论效果如何，都可以通过将运动中的电子或离子聚焦成束来定位在固体表面的有限区域内。

考虑到①一般来说，一个离子的质量比一个电子的质量大 5 个数量级；②离子的大小（原子半径）比电子大 13 个数量级；③穿透固体的电子因复合而湮灭，而离子可能作为其化学成分的改性剂而永久性地留在其结构中，离子和电子与被轰击固体相互作用的本质明显不同。所以，它们用于半导体加工的方式也不同。

电子束　在半导体技术中使用电子束（e-beam）的目的按束流大小区分为两种。电子束电流取决于形成电子束的电子的数量和速度。第一个是高电流电子束的情况，如本节前面所讨论的，涉及通过电子轰击对固体进行局部加热。另一个与形成低电流电子束的电子有关，它会引起固体的化学成分变化而不是加热被轰击材料。例如，暴露在电子束下的适当配置的聚合物，电子束要么会破坏现有的分子间键，要么会通过称为交联的过程形成新的键。半导体制造中一种被称为电子束光刻的工艺在衬底表面图案化过程中便利用了这种效应（更多讨论见第 5 章）。

为了避免加速冲向衬底的电子与工艺室中残余气体粒子发生碰撞，所有的电子束工艺都必须在高真空条件下进行。此外，不管电子源是热阴极还是冷阴极，形成电子束的自由电子也都只能在高真空环境中产生。

目前的电子光学系统可将电子束聚焦到直径小于 1nm 的程度。然而，由于电子的质量非常小，穿透固体的电子会与该固体的原子发生碰撞而受到严重散射（见图 4.10a）。散射效应包括前向散射和后向散射。发生前向散射的电子相对于入射方向的偏转角小于 90°；后向散射可以使运动中的电子角度改变高达 180°。发生后向散射的电子不仅可以返回到表面，而且只要电子拥有足够的能量就可以离开固体。此外，入射电子与固体中原子发生的一些非弹性碰撞会导致从固体中发射二次电子。

与电子散射相关现象的综合效应使得固体中吸收电子能量的面积大于入射电子束的横截面面积（见图 4.10a 中 $d_2 > d_1$）。阻止电子束的几何尺寸在固体中精确再现的现象称为邻近效应。

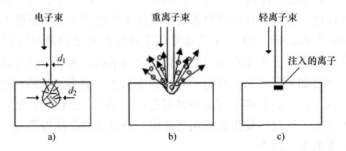

图 4.10　电子和离子束与固体的相互作用：a）电子束和电子散射；
b）重离子束和溅射；c）轻离子束和注入

离子束　在半导体器件技术中，使用离子束作为工艺"工具"的概念与使用电子束的概念相似。然而，正如本节前面所述，作为失去一个或多个电子的原子或分子，离子比电子重得多。因此，加速后的电子和离子撞击固体表面所产生的效果截然不同。所以，与轻的电子进入固体后受到散射并最终通过复合湮灭不同，离子会穿透固体并与固体原子碰撞。如果重离子在加速时获得了超过固体结合能的能量，则被轰击固体表面处的原子会弹射出来，这种现象称为"溅射"（见图 4.10b）。穿透固体的较轻离子不会引起被轰击材料原子的溅射，而是会通过碰撞损失能量，并在离表面一定距离处停止并留在那儿（见图 4.10c）。这种现象是一种非常重要的材料加工技术——"离子注入"的基础。

正如第 5 章中的讨论所表明的，溅射和离子注入都是半导体器件制造中利用的效应。

除了离子种类和离子能量外，离子束的几何形状也会对工艺的结果产生影响。根据具体应用的要求，可选择使用簇射离子束（Showered Ion Beam，SIB）或聚焦离子束（Focused Ion Beam，FIB）。前者主要用于引入杂质（离子注入）和离子铣削（通过溅射去除材料），而后者可用于在固体表面上直接写上所需图案。然而需要注意的是，由于离子的质量比电子大，离子不能像电子那样在横截面上聚焦成细小的束流。

不管哪种应用，离子都需要在气体（等离子体）中放电产生，从等离子体中提取离子后以簇射离子束或聚焦离子束的形式向目标材料加速。

4.4.4 化学工艺

半导体制造中的许多重要工艺依赖于在气相或液相中进行的化学反应。除了前面讨论的热激发和等离子体激发的化学相互作用以及本节后面将讨论的光化学相互作用之外，还有一些化学反应由化学系统内的可用能量驱动，其数量足以达到活化能而引发化学相互作用，从而达到预期的工艺流程目标。这些目标非常多样化，可能包括表面清洁、材料去除或薄膜沉积。

一般来说，材料加工中采用的化学反应涉及化学系统能量平衡的复杂变化，这取决于目标是破坏键还是形成新键。例如，一些被称为放热反应的化学反应以热量的形式释放能量，而另一些被称为吸热反应的化学反应从环境中获取能量。还有一些化学反应可以放热反应和吸热反应同时发生。

关于半导体制造中使用的化学工艺的其他考虑因素将在本章剩余部分及第 5 章的讨论中给出。对半导体工艺中涉及的复杂化学反应更详细的讨论超出了本章介绍性讨论的范围。然而，这里需要认识到的是，化学通常是功能性半导体器件的材料加工的核心。

4.4.5 光化学工艺

半导体制造中的光化学工艺是指利用短波长光或辐射照射固体、气体或液体来激发所需的化学反应。这里使用的术语"短波长"是指电磁波谱的紫外线部分的光，其波长 λ 小于 400nm，一直延伸到短至 10nm 波长的"软"X 射线范围（见图 4.11）。

由于能量随波长的减小而增加，紫外光在如此短的波长下，携带了大量的能量，其能量可从 400nm 处的 3.1eV 到 10nm 处的 12.4eV。与前面讨论的长波长光（红外）相比，短波长光的主要作用是照射介质并诱导光化学反应、改变其化学性质。光解是光化学反应的一个例子，它指的是化合物的分解，通常在气相中并且在光的影响下发生。为了实现这种分解，光子的能量必须高于被辐照化合物中化学键的能量。光解类似于热分解（热解）过程。

紫外线光源需根据所需紫外线范围选择。在近紫外范围内（见图 4.11），可将卤素灯用作紫外光源；在深紫外范围，需要使用含有不同气体的专用紫外线气体放电灯以及准分子激光器来产生紫外光。复杂的高密度等离子体源可用于产生极紫外线辐射，其波长通常是 13.5nm。

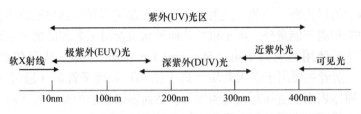

图 4.11   半导体命名法中采用的描述电磁波谱的紫外部分的术语

到目前为止，紫外光在半导体制造中最重要的用途是在下一章中将详细讨论的定义图案的光刻工艺。除了光刻，光激励工艺在禁止升高工艺温度的应用中以及需要减压等离子体工具的应用中提供了替代解决方案，这些被替代的方案通常会给工艺基础设施带来不希望的复杂性。一般来说，使用光化学工艺是为了达到低热预算、简化仪器结构的目的。例如，通过将空气或纯氧暴露于波长为 185nm 和 254nm 的紫外光中，通过紫外线的刺激可形成臭氧（O_3）。紫外光是通过将氧分子分解成两个氧原子，然后与氧分子反应形成臭氧的（$O_2 + UV \rightarrow 2O$，$O_2 + O \rightarrow O_3$）。臭氧是一种强氧化剂，用于半导体碳氢化合物的氧化过程。

4.4.6　化学机械工艺

化学机械抛光/平坦化（Chemical – Mechanical Polishing/Planarization，CMP）工艺是化学在半导体制造中使用的又一个实例，它将化学反应的优点与机械力相结合。顾名思义，CMP 工艺可通过抛光去除加工材料的顶面层，或通过平面化工艺消除表面特征的不平整。

该工艺使用含有纳米级磨料颗粒的化学活性浆料，结合抛光垫和机械力来加强化学 – 机械相互作用，从而逐渐去除加工材料的顶层。

如图 4.12 所示，倒置晶圆的顶面被压在抛光垫和抛光液上，同时晶圆支架和抛光垫反向旋转。抛光液和抛光垫材料组成根据被加工材料决定。对晶圆施加的机械压力和转速决定了材料去除率。

CMP 工艺在半导体加工中有着广泛的应用，如晶圆减薄、去除材料以及减小加工材料表面粗糙度等。更多讨论请参见第 5 章中有关 CMP 工艺的章节。

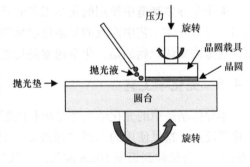

图 4.12   CMP 工艺简图

4.5　污染控制

有别于任何其他技术领域，在半导体器件制造中，生产环境（工具与介质）污染会对制造产量和产品性能产生深远的不利影响。在半导体技术中，需要预防、控制污染物的原因如下：首先，某些半导体材料系统需要原子级精度的加工，即使是最微小的污染物都有可能干扰加工结果从而产生灾难性影响；其次，用于构建半导体器件的材料的特性对外界影响（例如污染）非常敏感，再加上器件加工各个阶段使用的高温，以及频繁暴露于难以消除外来物质（污染物）的各种环境，因此半导体工艺特别容易受到污染。

本节明确了半导体工程中应特别关注的污染物，然后简要考虑了为尽量降低污染干扰半导体制造过程的可能性而采取的措施。

4.5.1　污染物

在列出具体污染物之前，请记住，不同类型的污染物在不同的工艺条件下，与不同材料的相互作用不同。例如，在先进逻辑集成电路制造中，高温工艺时硅表面的金属污染是一个严重的问题，但在低温有机太阳能电池加工中，用作衬底的玻璃表面污染就不是太大的问题。因此，需要在特定材料和工艺的背景下讨论某种污染类型所扮演的角色。

微粒　在所有半导体工艺技术中，吸附在被加工衬底表面的粒子和微粒（微粒群）污染物无疑会造成不利影响。半导体加工过程中的微粒污染可能有多种来源，包括环境空气、液态化学试剂、水（细菌菌落最终作为颗粒污染）、气体，以及加工工具和晶圆处理操作。此外，运行制造设备的人员也会向周围空气中大量释放皮屑等微粒。微粒的大小因来源而异，从大至 $10\mu m$ 到小至 $100nm$（或更小）的超细颗粒。问题是像这样小的颗粒难以检测和发现，但它们对某些工艺和制造产量会造成灾难性的影响。事实上，颗粒的大小是区分其在各种工艺中影响程度的一个因素。例如在硅表面，直径为 $0.5\mu m$ 的颗粒将破坏任何先进的纳米级集成电路制造工艺，但在大面积硅太阳能电池板的制造过程中，同样大小和化学组成的相同颗粒所产生的不利影响会稍微小一些。

总的来说，在任何半导体工艺环境中，微粒都是非理想因素，正如本节后面对洁净室的讨论那样，人们不遗余力地付出技术努力和财力来尽量减少它的有害影响。由于不可能完全防止已加工晶圆中的颗粒污染，因此需要开发旨在晶圆清洁操作过程中去除颗粒的精细方法（见 5.3.1 节的讨论）。

有机污染物　有机物是碳与其他元素的化合物，通常与氢形成碳氢化合物 C_xH_y。在正常条件下，碳氢化合物几乎存在于包含环境空气、液体以及气体等的任何环境中。在某些情况下，吸附并累积在被加工表面的有机污染物可能导致工艺故障。例如，表面的有机物会干扰后续的沉积过程；而对于金属沉积，表面的有机物会对电接触特性产生有害影响。

有机物并不能完全从环境空气中去除，超洁净的洁净室空气（见后面的讨论）也含有有机物，也不能完全阻止它们吸附于待加工表面。因此，重点是基于氧化而且仅需要相对简单程序的有机物去除工艺（见第 5 章中关于表面清洁的讨论）。

金属污染物　半导体加工中的金属污染主要来源于湿法工艺化学品和水。由于在晶圆处理操作期间与金属部件的物理接触，它们还可能污染处理过的表面。此外，供水或供气管线中金属部件未被检测到的腐蚀也可能导致处理过的晶圆表面被金属物质污染。在金属中，最具侵蚀性的污染物各有各的特点，包括如铁（Fe）、铜（Cu）和镍（Ni）等重金属，以及钠（Na）等碱金属。

金属污染物对大量器件都存在有害影响，特别是对于需要进行高温工艺的器件。高温会激活晶圆表面的金属污染物，在某些情况下会促使污染物渗入到衬底晶圆中，从而产生电活性缺陷，改变受影响区域中电荷载流子的主要传输方式。因此，尽管在最先进的制造环境中，工艺化学品和水受外来金属原子的污染程度较低，但在进行某些特定的高温工艺之前的清洗步骤中仍需要包含针对金属污染物去除的步骤。

湿气　严格来说，水分并不是像上述微粒或金属污染物那样的"污染物"。但是，吸附在任何固体表面上的水分会通过促进化学反应而产生不稳定作用，而这些化学反应在没有水分的情况下不会发生。当涉及晶圆表面的水分和有机污染物之间发生相互作用时，这一点尤其具有挑战性。水分促进的化学反应也伴随着电相互作用，因为水的解离会在表面留下 H^+ 和 OH^- 离子（$H_2O \rightarrow H^+ + OH^-$）。因此，需要小心地控制工艺环境中的水分及晶圆暴露在这种环境中的时间。

4.5.2　洁净环境

考虑到半导体材料和器件对污染物的敏感性，需要超洁净的工艺环境以实现经济可行的制造成品率。"洁净环境"的概念既包括介质（气体、化学品、水），也包括半导体制造设施。

工艺介质和工具　用于制造半导体器件的材料必须是最高的纯度。本章前面讨论了工艺化学品、水和气体的纯度问题。对于某些沉积工艺中使用的固体前驱体以及器件制造中使用的衬底也应满足同样的要求。

除了工艺介质之外，工具和工艺本身也经常产生污染物，这些污染物最终可能吸附在晶圆表面，例如某些刻蚀工艺的产物可能会成为微粒污染。此外，基本上所有用于半导体制造的工具，例如自动晶圆处理器，都包含移动部件。除非有专门的设计用于处理摩擦所导致的污染，否则工具内的移动部件会产生大量不同性质的颗粒。还有，用于构建进行侵蚀性化学反应的工艺腔室的材料必须在升高的温度下保持其化学完整性。事实上，即使不涉及任何化学反应，升高的温度本身也可能导致污染物从工艺腔中溢出。这同样适用于制造工艺过程中用于处理晶圆的盒、舟、容器和其他部件的材料。

半导体工业中的一个重要问题是存储盒和运输容器，如用于器件制造程序的不同工艺步骤之间，以及用来将晶圆从晶圆制造商处运输到器件制造设施的容器。常用的容器往往会释放气态有机化合物，这些化合物最终会吸附在已装运的晶圆表面。这些影响必须通过在开始制造过程之前就对晶圆进行专门的清洁操作来解决。

洁净室　一个众所周知的概念是"洁净室"，它是指一类封闭环境，可以确保在其中进行的半导体制造过程以及其他对污染敏感的工业制造过程取得令人满意的结果。工业洁净室只提供受限的访问，至少部分半导体制造工序是在洁净室内进行的。

洁净室的主要目的是创造一个满足工艺要求的无微粒污染环境。此外，洁净室可严格控制温度、湿度（通常设置为 45%）以及消除因空气在制造设施中循环运动而产生的静电。

通常，洁净室内的空气压力保持在略高于大气压力的水平，正压使得洁净室外的空气不能进入洁净室内。

在用于评估洁净室空气中颗粒污染水平的几种方法中，最常见的一种方法根据每立方英尺⊖空气中达到一定尺寸的颗粒数量将洁净室划分为 1 ~ 100000 级。代表空气最洁净的 1 级洁净室中，每立方英尺空气只允许有一个 0.5μm 的颗粒，不允许有大于 0.5μm 的颗粒。"最脏"的 100000 级洁净室每立方英尺空气中允许 1000000 个尺寸为 0.5μm 的颗粒和多达 700 个尺寸为 5.0μm 的颗粒。对于具有低纳米几何尺寸的集成电路的制造，洁净室 1 级或更高级别（sub - 1 级）是必不可少的。同时，1000 级甚至 10000 级可能足以执行涉及具有宽松几何尺寸器件的部分制造工艺。

根据洁净室等级，可使用 HEPA（High Efficiency Particulate Air，高效微粒空气）或 ULPA（Ultra Low Penetration Air，超低渗透空气）过滤器。结合经过过滤器再循环的空气层流（与在颗粒处理方面更具破坏性的湍流相反），HEPA 过滤器适用于 100 级及以上级别的洁净室，而 ULPA 过滤器适用于 10 级及以下的洁净室。

由于洁净室内人员对洁净环境的破坏性作用，参与以洁净室为基础的操作的人员会受到尽可能多的限制。半导体加工不同于其他制造业，操作员和工程师需要穿着复杂的防护服（净化服）与环境隔离。防护服不仅是为了保护自己免受蕴含危险的工艺环境影响，更主要是为了保护工艺环境免受人为污染。

根据制造的半导体器件类型（例如高密度集成电路、太阳能电池或大面积显示器），洁净室设施的结构可能会有很大的不同。代表半导体制造工艺不同需求的两种洁净室布局示例如图 4.13 所示。第一种布局（见图 4.13a）是被称为"舞厅式洁净室"的布局，整个洁净室都满足洁净室等级要求，并在其中安装工艺工具以及大多数工艺支持基础设施。舞厅式洁净室中的一些工具可以被隔离到所谓的微环境中，其净化程度比其余洁净室更高。例如，在 1000 级舞厅式洁净室中，可以在选定的工艺工具周围安装一个 100 级的微环境用来执行对颗粒污染特别敏感的操作（见图 4.13a）。

由于舞厅式洁净室需要处理的空气量很大，因此在这种布局的洁净室中保持 1000 级较为困难，就更不用说要尝试在此类设施中创造更清洁的环境了，这一方面是考虑到此类设施的安装成本较高，另一方面是考虑到有更好的符合 10 级或更高要求的洁净室布局。

图 4.13b 中所示的解决方案称为港湾/通道式（bay/chase）洁净室布局。在这里，所需的洁净室等级（如 1 级）仅在有限的占地面积和风量的工艺舱中保持，通过正确配置的装载锁，将晶圆从这些工艺舱装载到安装在维修通道中的工艺工具中。在通道侧，晶圆与环境空气完全隔离，因此，1000 级的洁净室就足以支持这类工艺工具的操作。

就资本投资而言，基于洁净室的 1 级或以下级别的主要制造设施复杂且昂贵。因此，它们仅适用于某些类型的半导体器件（例如低纳米级集成电路）的大批量制造。在空气控制方面要求不高的洁净室设施，例如 1000 级及以上，在世界各地的研究、开发以及工业制造中被广泛使用。

⊖ 1ft（英尺）=30.48cm（厘米）。

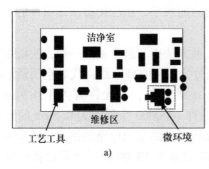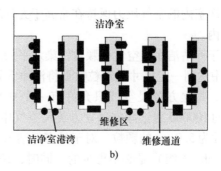

图 4.13   常见的洁净室布局：a）舞厅式洁净室；b）港湾/通道式洁净室

4.6   工艺整合

就如何将执行指定操作的各个工具组织到生产线中而言，半导体制造中实施的方法可谓多种多样。例如，太阳能电池的大规模制造涉及在处理站之间移动处理过的基板的传送带式装置。此外，在刚性晶圆衬底上执行的工艺虽然涉及相同类型的操作，例如薄膜沉积，但其执行方式与在运动的传送带上执行的卷对卷工艺非常不同（见图 4.3）。

作为工艺实施中涉及的问题的一个例子，我们将在这里简要地讨论在典型的高端集成电路制造设施中在刚性衬底晶圆上执行的工艺。具体而言，通过将使用集群工具的流程集成的概念与使用独立流程工具的标准方法进行比较来考虑。

处理过的晶圆在执行指定操作的独立制造工具之间传输的方式在很大程度上取决于晶圆的尺寸、重量以及洁净室设施的等级。对于较小的晶圆，通常使用手推车手动运输封装在气密 autopod（晶圆自动收纳器）晶圆载具中的晶圆。autopod 晶圆载具与 SMIF（Standard Mechanical Interface，标准机械接口）兼容，旨在提供具有受控气流和压力的微环境，在该环境中传输的晶圆可隔绝污染。对于更大的晶圆和更精细的制造工艺顺序，承载晶圆的相同的 SMIF 吊舱通过在洁净室地板上移动的轨道导向车（Rail Guided Vehicle，RGV）或自动导向车（Automatic Guided Vehicle，AGV）在工艺设备之间运输。在最先进的制造设施中，例如工艺舱容积有限的 1 级洁净室（见图 4.13b），通常采用高架起重机传输（Overhead Hoist Transport，OHT）系统来运输晶圆。

当单独的工艺模块被集成到多模块集群工具中而不是单个工艺设备执行单个操作时，复杂的晶圆传输系统的需求减少的同时也降低了晶圆的搬运次数。在这样的集成工具中，可以在晶圆上执行一次以上的操作而不破坏真空环境，降低了晶圆暴露在不同的环境以及搬运/运输相关的风险。

除了降低晶圆的运输/搬运的风险外，与分布式工具布局相比，集群工具需要占用的洁净间中净化等级 1 级及以下的工艺舱的面积更小。此外，在集群的情况下，为分布式系统中的每个模块都要提供的真空、气体供应和工艺控制基础设施都可以集中在同一个系统中。

图 4.14 以涉及三个处理步骤的简单工艺序列为例说明工艺集成的概念。在图 4.14a 中，

三个单独的工艺工具，分别执行特定操作，故需要多个晶圆加载和卸载步骤，并使用上面介绍的晶圆传输方案在工艺模块之间传输晶圆。

图 4.14b 显示了执行相同操作并经常使用标准 MESC（Material and Equipment Standards and Code，材料和设备标准和规范）端口安装在晶圆搬运平台周围的工艺工具。图中显示的是最简单的四边集群。在实际工业制造中，还可使用六边集群和八边集群。在某些情况下，多模块集群被集成到更大的集群中。

鉴于上述"集群化"的优点，可以肯定的是，半导体制造中工艺集成度提高的趋势将继续。随着时间的推移，在集群环境中执行某些工艺步骤相关的剩余问题将得到解决，届时集成电路制造中的整个制造序列的集成和自动化程度将会大大提高。

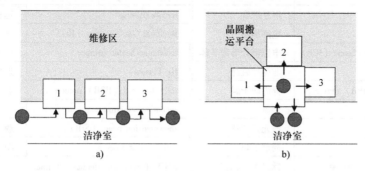

图 4.14　a）使用一系列独立的工具加工晶圆；b）使用集群工具进行相同的加工过程

关键词

英文	中文名称	英文	中文名称
absorption coefficient	吸收系数	deep UV	深紫外光
AC plasma	交流等离子体	deionized（DI）water	去离子水
activation energy	活化能	downstream plasma	顺流等离子体
ballroom cleanroom	舞厅式洁净室	electron beam（e-beam）	电子束
batch process	批量工艺	electron beam（e-beam）heating	电子束加热
bay/chase cleanroom	港湾/通道式洁净室	Electron Cyclotron Plasma（ECR plasma）	电子回旋等离子体
capacitive coupling	电容耦合		
Chemical - Mechanical Polishing/Planarization（CMP）	化学机械抛光/平坦化	excimer laser	准分子激光器
		extreme UV	极紫外光
cleanroom	洁净室	flexible display	柔性显示器
cleanroom class	洁净室等级	flexible electronic circuit	柔性电子电路
cluster tool	集群工具	focused ion beam（FIB）	聚焦离子束

（续）

英文	中文名称	英文	中文名称
glow discharge	辉光放电	plasma	等离子体
helicon plasma	螺旋等离子体	plasma afterglow	等离子体余辉
HEPA（High Efficiency Particulate Air）	高效微粒空气	plasma density	等离子体密度
		plasma enhanced（PE）process	等离子体增强工艺
high density plasma（HDP）	高密度等离子体	point-of-use chemical generation pyrolysis	原位（使用点）化学品生成热解
high-thermal budget process	高热预算工艺		
high-vacuum pump	高真空泵	radiant heating	辐射加热
implantation	注入	rapid thermal processor（RTP）	快速热处理器
inductive coupling	电感耦合	remote plasma	远程等离子体
inductive heating	电感加热	Residual Gas Analyzer（RGA）	残余气体分析仪
Inductively Coupled Plasma（ICP）	电感耦合等离子体	resistance heated furnace	电阻加热炉
inelastic collision	非弹性碰撞	RF Plasma	射频等离子体
isopropyl alcohol（IPA）drying	异丙醇干燥	roll-to-roll（R2R）process	卷对卷工艺
laminar flow	层流	secondary electron	二次电子
laser beam heating	激光束加热	showered ion beam（SIB）	簇射离子束
local heating	局部加热	single wafer process	单晶圆工艺
low-thermal budget process	低热预算工艺	SMIF（Standard Mechanical Interface）	标准机械接口
manufacturing throughput	制造产量		
manufacturing yield	制造成品率	specialty gases	特种气体
Marangoni drying	Marangoni 干燥	spin drying	旋转干燥
metallic contaminant	金属污染	sputtering	溅射
microwave plasma	微波等离子体	sub-atmospheric pressure	亚大气压
minienvironment	微环境	surface tension	表面张力
organic contaminant	有机污染物	thermal budget	热预算
ozonated water	臭氧水	turbulent flow	湍流
parallel-plate reactor	平行板反应器	ULPA（Ultra Low Penetration Air）	超低渗透空气
partially ionized gas	部分电离气体	ultra-high vacuum（UHV）	超高真空
particle	微粒	ultraviolet（UV）	紫外光
photochemical reaction	光化学反应	vacuum gauge	真空计
photolithography	光刻	vacuum pump	真空泵
photolysis	光解	vapor pressure	蒸汽压
planarization	平坦化	water marks	水痕

第 5 章

制 造 工 艺

章节概述

在本书第 4 章概括性地介绍了半导体工艺技术之后，本章将介绍半导体材料加工的具体方法，从而使半导体材料最终成为功能性半导体器件。本章重点讨论了晶圆的制造过程，并以晶圆为例，讨论主流半导体器件制造技术中采用的方法和工艺。

本章介绍了半导体制造工艺的自上而下制造方案，该方案中的工序将半导体晶圆转变为分立半导体器件或集成电路。随之提出并讨论了在晶圆上进行的自上而下、常见的半导体处理操作工序，包括关键的图案化方法、表面制备技术、半导体制造的增材和减材工艺以及半导体材料掺杂方法。本章最后概述了生产线的后端工序，包括接触、互连以及组装和封装技术。

5.1 图案定义方式

半导体工程工艺的关键在于制造功能性半导体器件，这其实是一个创造错综复杂图案的过程，包括加工衬底的近表面区域和在表面上沉积各种薄膜材料。根据所使用的衬底类型（如刚性晶圆、柔性材料）和组成器件的材料（如单晶硅、有机半导体）的不同，可以从下面将要讨论的图案定义方式中选用适合需要的来实施。在本章介绍的前三种技术中，首先需要沉积待图案化薄膜，随后进行图案化步骤。在本章介绍的另外两种方法中，使用阴影掩模或印刷使得能在一个步骤中同时实现图案的定义和薄膜的沉积。本章最后介绍的一种方法是压印，它需要一些不同的考量因素。

最先进的半导体图案定义技术蕴含了广泛的物理、化学、光化学、机械的相互作用，因此不太能够用严格定义的工艺类别对其进行分类。因此，在下面的讨论中所采用的列表有点武断，但就其目的而言是为了说明图案化技术的各种趋势，而不是准确地将各种图案定义方法进行分类。

5.1.1 自上而下工艺

自上而下工序包括两个步骤，第一步将需要图案化的薄膜沉积在整个衬底上（均厚沉积）；第二步形成所需图案。简单来说，自上而下工艺的解释如下：

自上而下工序中的第一步是使用薄膜沉积技术（本章稍后讨论）沉积待图案化的薄膜

材料（见图5.1a）。沉积薄膜后，用一层称为"光刻胶"的光敏材料薄层覆盖待图案化薄膜（见图5.1b）。随后，将光源借助掩模板来实现对光刻胶的选择性照射，其中掩模板由对紫外光透明和不透明的两部分组成（见图5.1c）。在光刻胶中形成的图案取决于掩模板的不透明和透明部分的排布。在紫外光曝光之后，将晶圆浸入称为"显影剂"的溶液中，显影剂可以溶解暴露在紫外光下的那部分光刻胶[⊖]。此时，所需图案就被转移到衬底晶圆，但目前仅在图案转移层（光刻胶）中产生，而图案尚未在位于光刻胶下方的薄膜中产生（见图5.1d）。为了实现薄膜图案化，可以使用化学方法刻蚀晶圆，化学方法可以在不侵蚀光刻胶的情况下去除暴露的材料（见图5.1e）。最后剥离光刻胶并清洗，从而完成图案化过程（见图5.1f）。完成图5.1所示的自上而下的图案化工序后，晶圆就可以进行进一步的处理。

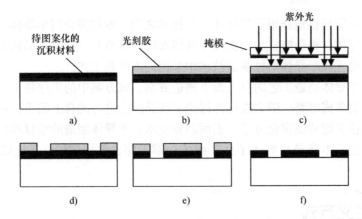

图5.1　以传统的自上而下工序在半导体晶圆表面上产生图案的工艺步骤

5.1.2　自下而上工艺

有些材料不能用自上而下工序进行图案化，因为结构的脆弱性或者在图案化过程中所涉及的工艺化学品的溶解性使得它们不兼容光刻胶加工和刻蚀操作。在这种情况下，可采用自下而上图案化工序。

自上而下和自下而上工艺的根本区别在于：前者对沉积在晶圆表面上的薄膜执行图案化步骤，而后者首先图案化地改变表面局部化学组成，然后使材料按照表面的图案进行生长。

自下而上图案化工序可以以多种方式实现。图5.2a是自下而上工艺的一个示例：首先用化合物覆盖表面，并通过改变表面能来实现表面功能化；然后使用局部紫外曝光等手段来处理表面，使得化学官能团仅保留在所期望有图案的位置（见图5.2b）。随后，具有不同表面能的表面部分将涂覆或不涂覆薄膜材料，这取决于已有的表面化学（见图5.2c）。尽管执行各种操作的顺序不同，但最终的工艺结果可能与自上而下工艺（见图5.1a）的情况相同。

自组装单分子膜（Self–Assembled Monolayer，SAM）工艺是自下而上图案化机制的一个例子，它通常在各种生物工程和其他应用中使用。一般来说，自组装过程是指独立主体以

　⊖　正胶。——译者注

协调的方式相互作用以产生更大、有序的结构或获得所需形状的过程。

自然界中所有的生长和形状定义过程本质上都是基于自下而上原则。一个例子是已经预先编程好的遗传学生长和从胚胎阶段就开始的人的"图案化"。

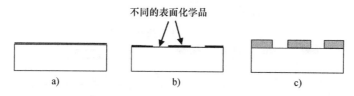

图 5.2　使用自下而上工序进行图案化的步骤：a）表面功能化；b）图案化，化学官能团在指定区域保留；c）按照图 b 中的图案进行材料的自下而上生长

5.1.3　图案的剥离工艺

在被称为"剥离"的图案化工艺中，类似于自下向上工序，待图案化薄膜在图案定义在光刻胶层上之后沉积（见图 5.3a 和 b）。除此以外，剥离工艺的本质还是基于前文讨论的自上而下工艺。

当所用的材料由于不易被刻蚀，比如金，而不能按照传统的自上而下工艺进行图案化时就可采用剥离工艺。在剥离工艺中，所需图案的负像首先被定义在表面上的光刻胶中（见图 5.3a）。然后，如图 5.3b 所示，将要图案化的金薄膜沉积在晶圆表面。使用有机溶剂溶解光刻胶剂以及同时去除覆盖住光刻胶部分的金，残留在表面的金薄膜形成所需图案，从而实现将图案转移到金薄膜上的过程（见图 5.3c）。

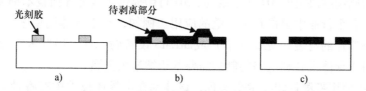

图 5.3　剥离工艺的示意图：a）沉积待图案化的光刻胶；b）沉积待图案化的薄膜；c）溶解光刻胶使得光刻胶上部的材料剥离

5.1.4　机械掩模

与自上而下和自下而上工艺不同，薄膜沉积和图案化在前者以沉积 – 图案化或在后者以图案化 – 沉积顺序进行，还存在沉积和图案化同时发生的工艺。这类工艺中最常见的是使用金属或塑料薄片，在其上切出适当形状的开口，并在沉积过程中充当模板（见图 5.4）。

机械掩模（也称为阴影掩模）的使用仅与本章稍后讨论的选定沉积技术兼容。一方面，由于使用阴影掩模的图案定义分辨率仅限于微米范围，并且使用这种技术定义的多层图案难以精确对准，因此机械掩模图案定义很少用于半导体器件的大规模工业制造。然而，另一方面，这种图案化模式因其具有低成本掩模和整体工艺简单的优势而通常用于研发实验室以及小规模生产中。

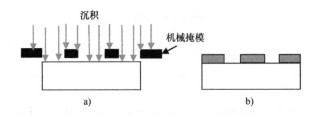

图5.4　使用机械掩模的薄膜图案化：a）掩模在指定区域阻挡材料的沉积；b）图案化的结果

5.1.5　印刷和印章转移

几个世纪以来，印刷行业使用印刷和印章转移来创建二维（2D）图案，例如纸上的字母，这种概念广为人知并被广泛应用。人们将印刷以各种形式和形状扩展到一系列制造工艺中，其中就包括半导体结构的制造。与典型的自上而下和自下而上工艺不同，在印刷和印章转移操作的情况下，沉积和图案化步骤大多同时进行。

在讨论商业应用的印刷工艺时，需要区分2D印刷和3D打印，因为它们的目的不同。2D印刷可以创建薄膜上的2D图案，而3D打印本质上是一种材料分配技术，从而创建由印刷设备尺寸和印刷精度决定的3D独立结构。3D打印提供了其他任何技术都无法比拟的制造能力，因此它在各个行业中都得到了广泛的应用。例如，在半导体制造中，3D打印用于打印包含集成电路芯片的封装（见5.9节）或MEMS设备的元件，但并未广泛用于形成纳米级图案，而先进半导体设备和电路的制造需要基于纳米级图案。

2D印刷可以使用喷墨打印技术来实现，该技术在半导体技术中有各种独特的用途，包括在卷对卷（Roll-to-Roll，R2R）操作中的柔性基板工艺。喷墨打印是打印机中常用的技术，多年来在我们的家庭和办公室中无处不在。在传统印刷中，因为人眼无法分辨远小于100μm的图案，所以不需要定义非常窄的线条。适应纳米印刷需求的相同印刷技术能够在微米范围内定义图案。

印章转移是印刷技术的另一个变体。在应用范围内，印章转移工艺包括一组通常被称为软光刻的技术，它代表了用于在各种固态器件制造过程中创建2D微米和纳米图案的方法。软光刻的概念涵盖了一系列问题的讨论，而对这些问题不经深度简化的讨论超出了本书的范围。

总结本节介绍的半导体器件制造中涉及的各种图案化方案的概述，我们认识到自上而下图案化工艺在主流半导体器件和电路制造中的主导作用。为了反映这一最新技术，本章对半导体制造工艺中图案化技术的进一步讨论将集中在自上而下工艺上。

5.2　自上而下工艺步骤

在简单介绍半导体器件制造中的一些图案定义技术之后，本章将以刚性衬底晶圆为例，从其上的自上而下图案定义开始进一步讨论。自上而下工艺是主流半导体器件制造技术的代表，它在许多器件制造场景中占据主导地位。

如前所述，p-n 结二极管是最常见的半导体器件结构。从图 5.1 的图案定义步骤得到的结构开始，图 5.5 给出了 p-n 结二极管的剩余制造过程。首先，使用本章稍后讨论的选择性掺杂工艺进行掺杂。进行掺杂工艺时，对于作为掩模的氧化硅薄膜所定义的开口区域，这部分区域硅片的导电类型由于掺杂从 n 型转换成 p 型，形成 p-n 结（见图 5.5b）。接下来，用金属薄膜（见图 5.5c）覆盖晶圆，然后按照图 5.1 中所示的图案化工序将其形成接触，以形成与 p 型区域的欧姆接触。在单独的沉积步骤中，薄金属欧姆接触在晶圆的背面形成，这样就完成二极管的制造过程（见图 5.5d）。

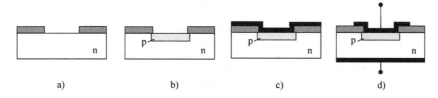

图 5.5　p-n 结制造工序的步骤：a）形成 p 型区域的图案；
b）p 型掺杂；c）沉积接触金属薄膜；d）金属接触的图案化

基本上，大部分半导体器件制造过程中都使用与图 5.5 所示相同或非常相似的工序，也可根据器件制造需求重复多次。而不同器件制造的不同之处在于工序的复杂性，在制造简单的分立器件（例如图 5.5 中的 p-n 结二极管）时，该过程可能仅需两个图案化步骤，在晶圆上执行几十次左右的工序。然而，在复杂集成电路制造时，可能需要在晶圆上执行超过 20 个图案化步骤和数百个工序来完成该制造过程。

以图 5.1 开始并在图 5.5 中完成的工序作为线索，下面明确了在常用的自上而下制造工序中对晶圆执行的关键操作，然后在图 5.6 中简单地总结了实现它们的方法。

1）表面处理，包括表面清洗。

2）薄膜沉积，它是广义上的增材工艺的一部分。

3）使用光刻方法定义图案。

4）通过刻蚀去除材料的减材工艺。

5）在将掺杂原子引入半导体材料的过程中进行的选择性掺杂。

6）接触和互连的处理，包括表面平坦化的方法。

7）组装和封装，将作为衬底晶圆一部分的器件转换为可用作电子电路一部分的器件。

在复杂器件及电路制造过程中，不同制造阶段中的工序在本质上相同，但需稍微修改工序的具体操作。例如对表面清洗步骤的要求，在栅极电介质沉积之前进行的步骤就和在形成金属接触之前进行的步骤不同。考虑到这一点，在特别复杂的制造工序中工艺被分为前道（Front – End – Of – the – Line，FEOL）工艺和后道（Back – End – Of – the – Line，BEOL）工艺，并将工序中的首次金属化形成接触作为这两种工艺模式的边界。

在本章的其余部分中将介绍上述工艺过程及实现它们的技术。作为对本章的概括性介绍，图5.6给出了工艺类型和用于实现它们的相应技术。

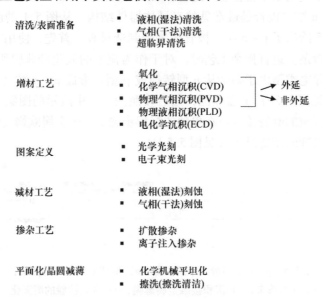

图 5.6　半导体器件在组装和封装前的制造过程中用到的各种操作类型及其实现方法

5.3　表面处理

如本书2.2节所指出的，衬底表面条件以及在衬底上形成的薄膜表面条件对器件性能和制造成品率方面具有重要影响。因此，在整个生产过程中必须确保加工过的晶圆表面无污染。

本节讨论半导体制造中的表面处理技术相关的一些关键问题。本章首先讨论了表面清洗过程，然后讨论了表面处理的优点和实现方法。

5.3.1　表面清洗

重申4.5节中的观点，任何表面污染物（即除主体材料以外的元素），或位于半导体晶圆表面的颗粒物，都将对该表面上的工序产生不利乃至破坏性的影响。反过来，任何与污染相关的工艺故障最终都会导致表面形成的器件失效。因此，需要在制造过程的各个阶段中多次进行表面污染物的去除步骤。在实际的超高封装密度的硅集成电路的制造过程中，晶圆清洗是最常用的污染物去除步骤。然而在对器件性能的影响方面，相对于材料和材料系统来说，清洁过程并不起着决定性的作用，因为器件性能取决于材料的固有特性而不是表面特性。

表面清洗是指不给表面特性带来不可控改变的情况下，从表面去除固体、非挥发性污染物（如微粒、金属杂质）的过程。图 5.7 示意性地说明了半导体制造中表面清洗的机制。其中第一种机制涉及经过适当选择的化学反应性物质与表面污染物之间发生的化学反应，这些污染物经反应后形成可溶于液体的产物或形成挥发性的气相化合物从而达到去除表面污染物的目的（见图 5.7a）。通常情况下，环境的物理运动会增强从表面去除污染物的过程，如图 5.7b 所示。除此之外，携带动能的化学中性物质可用于撞击晶圆表面的污染物（例如微粒）（见图 5.7c）。另一种方式为将晶圆暴露于紫外光或红外光下，使得污染物在表面分解（见图 5.7d）。

图 5.7 所示的操作在液相（湿法清洗）或气相（干法清洗）中进行，后文将简要讨论这两种清洗技术及超临界清洗技术。超临界清洗技术与半导体制造中采用的干法、湿法清洗方式有些不同。需要提醒的是，半导体技术中干法、湿法工艺的特点已在 4.2 节和 4.3 节中讨论。

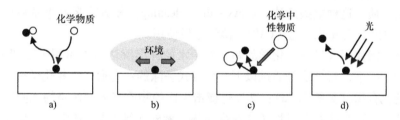

图 5.7　表面清洗工艺的实现方法

湿法清洗　湿法清洗操作是半导体制造中最常用的清洗方式，它通过液相中的选择性化学反应去除污染物，从而使污染物溶解于溶剂中或转化为可溶化合物（见图 5.7a）。通常来说，湿法清洗过程通过与液体环境的物理相互作用而增强，故可通过超声搅拌（见图 5.7b），或者在抛光/平面化后清洁中使用软刷擦洗来达到加快清洗速率的目的。需要注意的是，任何涉及物理相互作用的过程都需要非常小心地进行，以防止加工表面上形成的图案塌陷以及对表面特征造成的其他物理损坏。

湿法清洗的特殊性在于，没有任何一种化学物质能同样有效地去除所有类型的污染物。因此，一种称为 RCA 清洗或标准清洗（Standard Cleaning，SC）的清洗程序中包括多个清洗步骤，每个清洗步骤包含不同配方的清洗液。例如，在加工硅时，微粒去除步骤通常采用 NH_4OH : H_2O_2 : H_2O 混合物即氢氧化铵 – 过氧化氢混合物（Ammonium hydroxide – hydrogen Peroxide Mixture，APM），该步骤也称为 SC1（标准清洗 1）或 RCA 1。为了防止微粒去除过程中硅表面粗糙化，通常结合兆声清洗，并采用经过稀释的 APM 溶液（例如 1∶1∶50，温度为 40℃）。为了去除严重的有机污染物，通常使用 100 ~ 130℃ 的具有强氧化性的 H_2SO_4（4）∶H_2O_2（1）溶液即硫酸 – 过氧化氢混合物（Sulfuric Peroxide Mixture，SPM）或"食人鱼洗液"。也可以通过使用硫酸/臭氧混合物（Sulfuric acid/Ozone Mixture，SOM）来实现重有机污染物的去除。对于在清洁过程中在硅表面上自发形成的超薄二氧化硅（SiO_2）层，可以通过短暂暴露于以 1:100 或更小比例配置的稀释 HF: H_2O（Diluted HF，DHF）溶液中轻松去除。

通常，完整的湿法清洗流程是将加工过的晶圆（通常是成批）依次浸入适当配方的清洗溶液中来实现的，这些清洗溶液是盛放在湿法工作台中独立的清洗槽里，整个湿法工作台由机器臂操作。湿法工作台中的一些槽中装有换能器，它沿平行于晶圆表面的方向在清洗溶液中发送兆声波（兆声清洗）。湿法工作台上进行的每一个清洁步骤之后都需要用去离子水（见 4.2.1 节）冲洗，最后以 4.2.3 节中讨论的晶圆干燥过程结束。

当需要对化合物半导体进行湿法清洗时，湿法清洗程序的一般规则保持不变，但湿法清洗液的成分需要根据半导体材料的化学成分进行调整。对于清洗用于制造结构不太复杂的器件的衬底来说，由于这种衬底在加工过程中对污染不太敏感，某些情况下，仅需要在第一个沉积步骤之前去除衬底上的有机污染物（该过程也称为脱脂）。

被称为 CMP 后清洗的污染物去除操作在半导体技术的湿法清洗中发挥着特殊作用。CMP 后清洗也称为擦洗，它以刷子擦洗或兆声擦洗的形式实现机械相互作用，并从晶圆表面去除严重的杂质。这种重型清洁（heavy – duty cleaning）模式主要在本章后面的 5.8 节和 5.9 节中提到的化学机械平坦化（CMP）操作之后使用。

干法清洗　需使用大量液态化学品和去离子水的标准湿法清洗可用干法清洗技术替代。在干法清洗的情况下，污染物是通过以下几种方式去除的：①通过气相化学反应将污染物转化为挥发性的化合物（见图 5.7a）；②通过撞击表面的物质与表面污染物之间产生的动量转移（见图 5.7c）；③通过表面辐照（红外线加热、紫外线键断裂/氧化）而足以克服导致挥发性污染物粘附在表面上的力（见图 5.7d）来实现。在减压环境下进行干法清洗工艺时，等离子体可用作同样有效的干法清洗增强剂。例如，氢气和含氢等离子体可用来去除表面的氟碳化合物或氧化物。此外，用于还原硅表面氧化物的 HF: H_2O 工艺的气相等效工艺是无水 HF（Anhydrous HF，AHF）与醇类溶剂（如甲醇或乙醇）的蒸气混合。

由于干法清洗的"清洁强度"不如湿法清洗，因此干法清洗主要用于去除半导体表面的化学成分而不是严重污染表面的微粒、金属等污染物。虽然可以通过低温干法清洗去除微粒，但低温干法清洗并不能完全清除所有尺寸的微粒，且它对非平面表面的清洗也不够高效。由于工艺的选择性不足，使用气相化学物质［例如暴露于紫外线辅助的氯气（Cl_2）环境］来使金属污染物挥发时，通常会伴随着加工表面的粗糙化。

超临界清洗　为了有效地清洁晶圆表面，干法、湿法工艺中的介质都必须清洗到晶圆表面的污染区域，然后从表面去除清洁反应的产物。但是，由于存在表面张力，清洗液不能浸润具有复杂特征结构的表面（例如高深宽比沟槽）。同时，干法清洗采用的介质无法将微粒从这样深的特征结构中去除。为了克服这些局限性，可以使用超临界流体（Super Critical Fluid，SCF）将化学清洁物质带入沟槽，然后将清洁反应产物从沟槽中冲洗出来。在一定的压力和温度（临界点）下，气体或液体都可以转化为超临界流体，超临界流体结合了液体和气体的某些性质从而表现出相当特别的性质。超临界流体的密度比一般液体的密度略小，黏度与气体相当，因此非常适合清洗具有超小几何形状的晶圆。由于 SCF 的表面张力可以忽略不计，因此可以完全穿透非常高的深宽比的结构。

然而，关于超临界流体的产生有个问题，即虽然达到临界点的温度相当适中（通常低于 100℃），但根据气体的不同，所需压力可能高达 200 atm。从所需压力来看，要求最低的是 CO_2，它在 31℃ 的低温和 79.6 atm 的合理压力下就可以达到临界点。因此，超临界 CO_2（Super Critical CO_2，$SCCO_2$）作为一种超临界化学清洁物质，广泛应用于包括 MEMS 器件制造在内的尖端半导体工艺中。

5.3.2 表面改性

虽然工艺气体、工艺化学品和整个工艺环境变得越来越洁净，但是使用高纯度化学品和纯水会增加成本，因此逐步减少半导体制造中的清洗操作是一个固有趋势。取而代之的是，人们将更多的重点放在表面改性工艺上，这些工艺旨在改变所处理半导体衬底表面上所需的化学成分，无论是局部（见图 5.2 中的表面功能化），还是全局（整个衬底的表面）。

表面改性操作可使用湿化学、干化学以及表面清洗操作中使用的工具、方法进行。表面改性的目的是强化晶圆表面键饱和并确保其稳定性、持久性、环境适应性以及表面特征的可重复性。该工艺的本质如图 5.8 所示，最初硅因表面覆盖着残余氧化物和碳氢化合物而不稳定，这些残余氧化物和碳氢化合物是由于硅与环境空气（见图 5.8a）发生不受控制的相互作用而产生的。可通过一系列操作后以 HF: H_2O 处理获得氢终止（见图 5.8b）而得到化学性质稳定的表面。使用前面提到的无水 HF（AHF）与醇溶剂的蒸汽混合，可以获得氢不完全终止的硅表面。

可以预料，表面终止的方式对表面能有影响。而表面能的变化也改变了表面与水相互作用的方式。易于润湿的表面称为亲水表面，排斥水的表面称为疏水表面。对于硅，图 5.8a 所示的表面显示亲水特性，而氢终止的表面（见图 5.8b）表现出强疏水特性。此外，化学纯的硅表面具有疏水特性。而硅表面残留的氧化物和有机污染物具有亲水特性且在环境中不稳定。

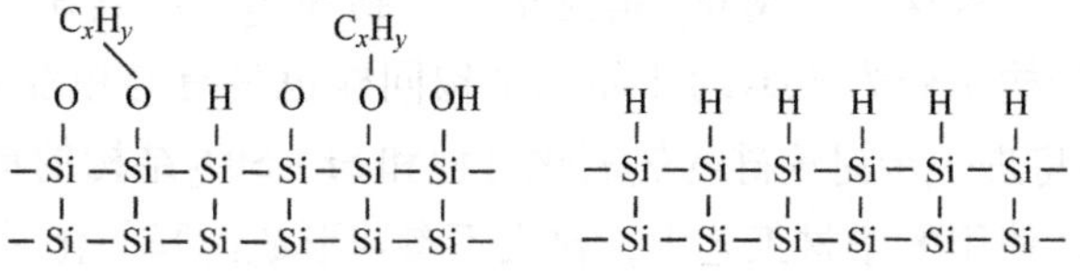

图 5.8 a）暴露在环境空气中的硅表面；b）氢终止的硅表面

表面改性还包括在固体表面上进行的表面恢复操作，以解决由于长期储存和暴露于含有有机污染物和水分的环境而导致的表面特性变化。根据与储存和处理相关的表面化学成分变化的程度，可采用湿法（对于大范围变化）或干法（对于挥发性化合物所造成的轻微表面变化）表面改性。

一般来说，在一些关键的沉积步骤之前最需要小心地进行表面改性操作，例如那些涉及形成外延层、MOSFET 栅极氧化物（电介质）或欧姆接触的步骤。由于温度会促使表面缺陷转化为永久性缺陷，因此在高温沉积步骤之前的表面改性尤为关键。

5.4 增材工艺

如前几章所述，半导体器件包括由各种材料（半导体、绝缘体、金属）以其薄膜形式加工而成的多层结构。所谓增材工艺，是指在衬底顶部添加薄膜形式的材料，在经过适当的图案化和形成电触点后产生的多层材料系统就可起到功能半导体器件的作用。由于增材工艺的重要作用，故增材工艺是半导体器件制造技术的核心。

本节讨论用于形成半导体器件的薄膜的方法。由于所涉及的复杂现象和薄膜形成技术的广泛多样性，下文的讨论应仅被视为这一重要话题的一般性概述。由于本节中的讨论与材料系统的表面特性、界面特性以及薄膜有关，因此建议读者在此时复习本书 2.2 节中讨论的相关概念。

5.4.1 增材工艺的特点

在薄膜沉积过程中首先要考虑沉积薄膜的晶体结构。如果需要单晶形式的薄膜，根据第 2 章中讨论的外延沉积规则，则待沉积薄膜的衬底须是单晶固体，而衬底晶体结构将在沉积薄膜中复现（见图 2.13a）。如 2.7 节所述，外延沉积工艺是一类单独的增材工艺，需要特别注意衬底质量和工艺控制。非晶和多晶材料的薄膜可以沉积在任何衬底上，但前提是衬底与所采用沉积工艺的工艺条件兼容。

在讨论增材工艺时，一个重要的因素是衬底材料在形成薄膜的化学反应中的参与程度。在这方面，硅的热氧化及其天然氧化物［二氧化硅（SiO_2）］的生长是在高温环境下化学反应后的结果，即来自衬底晶圆的硅原子在工艺环境中与氧反应。该过程会"消耗"硅表面区域非常薄的一部分，并且这部分成分从硅逐渐转变到 SiO_2，形成 $Si-SiO_2$ 结构中的明确化学界面。当硅的单晶结构转变为 SiO_2 的非晶态结构同样也具有与单晶 SiO_2 相似的结构界面（见图 5.9a）。下一节将进一步讨论硅的热氧化过程和 $Si-SiO_2$ 结构的特点。

在最通用、最广泛使用的增材工艺中，衬底不参与形成薄膜的化学反应，这意味着沉积膜的所有成分都是从衬底晶圆之外引入的。故在这种情况下，沉积过程几乎不会改变衬底晶圆的特性，并且从衬底到薄膜的转变以界面处材料成分的突变或化学界面的突变为特征（见图 5.9b）。如果衬底和薄膜材料具有不同的晶体学结构，所形成的材料系统还具有突变的结构界面。

无论沉积材料的晶体学结构、生长机制和采用的沉积技术如何，沉积过程及沉积结果都必须满足一定的要求：首先，薄膜必须具有均匀的化学成分和均匀的晶体结构，任何材料同质性造成的缺陷都应视为可能导致器件失效的缺陷。其次，必须确保在沉积过程中能够精确控制膜的厚度以及保证在整个覆盖区域上沉积膜厚度的均匀性。在某些沉积工艺中，薄膜厚度的均匀性可理解为在衬底表面的非平面特征上薄膜覆盖的一致性，这是一个严格的要求（见图 5.9c 中的保形覆盖）。最后，沉积工艺必须与所用衬底兼容，例如需要高温的增材工艺不能与玻璃或塑料衬底结合使用。由于这些要求和限制，在选用沉积方法时需要考虑它们的适用性。

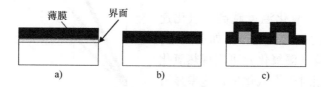

图 5.9　a）薄膜与衬底之间的化学和结构界面（过渡）；b）突变界面；c）保形覆盖

5.4.2　氧化生长薄膜：热氧化硅法

当需要在表面形成衬底材料的氧化物薄膜时，则可以通过氧化衬底的方法来生长薄膜。一般来说，当外部条件允许时，固体衬底表面的原子与氧或环境中的含氧物质发生反应，从而导致衬底材料的天然氧化物成核（nucleation）。若材料和外部条件适宜，晶核可能会继续形成机械上连续的氧化膜。这一过程在自然界和我们周围的环境中很常见，通常它与材料的劣化有关。金属材料类似于这样的降解过程称为锈蚀。

在固体材料中，只有很少的材料能在其表面形成具有电气、机械特性和便于功能性器件制造的天然氧化物。在单质半导体中，只有硅可以在其表面以二氧化硅（SiO_2）的形式形成具有器件级特性的天然氧化物（见本书 2.9 节的讨论）。在化合物半导体中，只有碳化硅（SiC）能被氧化形成功能氧化物，而碳化硅的功能氧化物也是二氧化硅，因为在碳化硅的氧化过程中，气态的碳氧化物不会被结合到碳化硅表面形成的氧化物中。

可以通过多种方式来促进硅表面氧化物的生长。在半导体制造中采用的方法可以是等离子体氧化（采用氧等离子体刺激的氧化过程）或阳极氧化（通过在液体电解质中的电化学反应进行氧化）。而在硅器件制造中最常见的氧化方法是热氧化法，它利用热能促进硅氧化过程。下面简要介绍硅的热氧化过程。

硅在氧气中热氧化的化学反应为 $Si + O_2 \rightarrow SiO_2$，称为干氧化。而湿氧化是用水蒸气代替氧气作为氧化剂，氧化发生 $Si + 2H_2O \rightarrow SiO_2 + H_2$ 的反应。虽然使用水蒸气的氧化速度比干氧化快，但氧化动力学的性质保持不变。在这两种情况下，氧化反应都发生在硅表面，这意味着在氧化的初始阶段，即当表面上没有氧化物或氧化物厚度非常薄时，氧化剂可以直接进入表面，氧化物在初始阶段的高生长速率由表面反应速率决定。随后，氧化剂需要在表面形成的氧化物中扩散，以便到达正在发生氧化反应的 Si – SiO$_2$ 界面，氧化速率因此而降低。

上述热氧化的两个阶段反映在氧化物生长动力学中，并可通过氧化层厚度 x_{ox} 与氧化时间 t 关系定性说明，如图 5.10 所示。在氧化的早期，即表面反应控制阶段，x_{ox} 与 t 的关系是线性的，这个过程被定义为线性生长过程。随着氧化层变厚，氧化逐渐过渡到由氧化剂扩散过程主导的缓慢生长阶段，其中 x_{ox} 与 t 变为抛物线的关系。

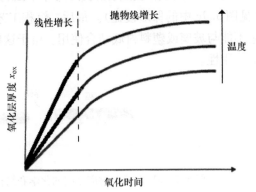

图 5.10　硅的热氧化动力学

如图 5.10 所示，氧化温度越高，氧化速度越快，同时产生的氧化层越厚。如前所述，在含有水蒸气的环境（湿氧化）可实现热氧化过程，其生长速率相对于干氧化生长速率显著增加，但这是以牺牲氧化物完整性为代价。此外，热氧化物的生长速率取决于单晶衬底晶圆的表面取向，对于硅来说，（111）晶向的硅表面比（100）晶向的硅表面热氧化物生长速率更快。

在硅器件制造过程中，热氧化使用图 4.6 所示的卧式或垂直熔炉进行，这些熔炉配备有充足的气体输送设施。硅在炉处理中使用的硅氧化温度从约 700℃ 到约 1000℃ 不等。在需要较低热预算的工艺中，可使用 RTP 工具（见图 4.7）实现快速热氧化（RTO）工艺。无论使用氧化炉还是 RTO，都可以通过控制氧化室内的氧分压来控制氧化速率。比如，通过将氧气与氮气混合，从而降低氧化室中的氧气分压，可以在任何给定温度下实现更慢的氧化速率。另一方面，将氧气压力提升至高于大气压［高压氧化（HIPOX）］可以在任何给定温度下显著增加氧化速率。

在工艺运行中，若生长氧化物需要会对所加工结构造成破坏的高温时，可以通过采用等离子体增强技术来降低氧化温度。例如，通过使用远程等离子体氧化（见图 4.9b 中的远程等离子体装置）将等离子体增强与热氧化工艺结合起来，经过等离子增强后的工艺温度显著降低。

在与硅相关的工艺中，热氧化是最常用的工艺之一。具体何时以及如何使用热氧化工艺取决于热生长氧化物的用途。由于热氧化工艺生长的高质量 Si-SiO$_2$ 界面有利于 MOSFET 器件运行，故在 MOS/CMOS 晶体管中生长栅氧化层是热氧化的主要用途。由于在氧化过程中，硅表面的受损部分的顶部转化为 SiO$_2$，从而避免了潜在的结构缺陷，因此热氧化工艺形成的界面缺陷密度低。栅氧化层仅可用干氧化法处理形成。栅氧化层所需厚度取决于晶体管的类型，用于逻辑集成电路的最先进 MOSFET 的栅热氧化层可薄至 1.5nm，而对于功率 MOSFET，栅热氧化层可厚至约 50nm。对于先进集成电路，如果晶体管设计要求栅氧化层厚度小于 1.5nm，那么高 k 介电材料将代替 SiO$_2$ 作为栅氧化层材料。

此外，硅的热氧化还可用于在其表面形成用于表面保护的氧化物、隔离在表面形成的特征以及在选择性掺杂过程中用作掩模（见 5.7 节）。上述应用所需的氧化层厚度可能在 100～200nm 及以上，故上述一般采用湿氧化法形成氧化层。

5.4.3　物理气相沉积（PVD）

物理气相沉积（Physical Vapor Deposition，PVD）广泛应用于包括半导体器件制造在内的各种技术领域。顾名思义，PVD 工艺本质上为物理效应，它在薄膜沉积过程的任何阶段中都不涉及化学反应。PVD 的源材料以蒸汽的形式物理地转移到衬底上，在衬底上形成薄膜而并不改变衬底的化学成分。但反应 PVD 工艺是该原则的一个例外，源蒸汽在衬底上冷凝之前与单独引入工艺室的气体发生化学反应，从而改变了沉积膜的化学成分。

为了使得物质发生从固体源到衬底的物理转移，首先需要将源材料蒸发，然后在气相中将材料从源转移到衬底。为了杜绝转移过程的任何干扰以及促进待沉积材料的蒸发，整个转移过程必须在真空中进行，故所有 PVD 工艺都需在真空下进行。

PVD 技术可以根据促使材料挥发的方法来区分。图 5.11 说明了实现 PVD 的三种不同方式的原理。对于固态源材料，第一种技术利用热量熔化固体并使其蒸发（见图 5.11a），然后蒸气在真空中向衬底移动，并在衬底表面凝固形成薄膜。另一种 PVD 工艺则是基于 4.4.3 节中讨论的溅射工艺实现（见图 5.11b）。

当需要对复杂多层复合材料系统进行外延沉积时，可用热量将形成薄膜的元素升华并形成分子束，在超高真空中到达单晶衬底，并在衬底表面聚结形成所需成分的外延薄膜（见图 5.11c）。

图 5.11 中给出的三种技术称为热蒸发、溅射和分子束沉积。分子束沉积中最常见的一个版本因其主要使用方式而被称为分子束外延（Molecular Beam Epitaxy，MBE）。其他一些更专业的 PVD 方法，例如离子束溅射或离子束沉积，本章将不作介绍性讨论。

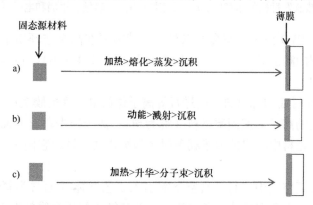

图 5.11　物理气相沉积中的物态变化过程：a）热蒸发；b）溅射；c）分子束沉积

热蒸发　薄膜的热蒸发沉积中首先熔化源材料，然后进行蒸发，随后蒸发的物质在衬底表面上冷凝。为了在气相中能不受干扰地输送材料，必须排空所有残余气体，且沉积室中的真空至少达到 10^{-6} Torr。在这种环境下，蒸气才能不受阻挡地从源向衬底上移动。

图 5.12a 为用于蒸发的反应器示意图。反应器由连接到真空泵的钟形罐组成。与图 5.12a 所示的反应器结构不同，在商用反应器中，衬底晶圆安装在穹顶形（行星）夹具上，

并在蒸发过程中相对于源旋转。

用于熔化源材料的加热技术是热蒸发工艺的一个重要部分。有两种加热方法可供选择：电阻加热和电子束加热。电阻加热时，待蒸发的材料需保持和适当形状的难熔金属接触，例如螺旋线、线圈形状的钨丝，或可将待蒸发材料置于坩埚中（见图5.12b）。

电子束加热是电阻加热的一个替代方案。电子束加热时首先需要产生强电流和高能电子束，然后由磁场引导电子束至源材料（见图5.12b），电子撞击源材料表面并使其熔化、蒸发。由于是局部熔化，并且源材料的熔化部分不与坩埚接触，避免了坩埚中浸出的物质对熔体的污染。因此，电子束蒸发形成的薄膜杂质比电阻蒸发形成的薄膜少。

根据定义，真空热蒸发薄膜沉积仅适用于熔点相对较低的材料，例如金、铝等金属。此外，小分子有机半导体（见2.4节）通常也通过热蒸发沉积在玻璃或柔性衬底上。

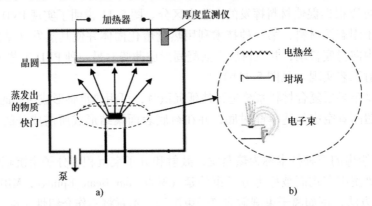

图5.12   热蒸发过程的示意图：a）反应器；b）电热丝、坩埚和电子束蒸发模式

溅射   如需使用PVD技术沉积高熔点材料，就需要在高真空环境中采用其他技术使固体挥发。第4章提到的溅射效应可以解决这类问题（见图4.10b）。在本节中溅射指的是利用溅射实现材料沉积。

溅射PVD通过在衬底和源材料之间进行等离子体放电实现薄膜沉积（见4.4.2节）。电场将等离子体中产生的离子加速到源材料（称为靶），离子撞击靶材表面时发生动量传递并引起原子的喷射。从靶材中喷出的原子朝着衬底晶圆移动，最后它们粘附在衬底表面形成固体薄膜。

溅射沉积过程在真空室中进行，真空室需引入工艺气体（通常为氩气）来启动等离子体放电（见图5.13）。为了支持等离子体放电，工艺气体的压力维持在 $5 \sim 20 \mathrm{mTorr}$ 的水平。但是在这种气压条件下，从靶材中喷出的原子在到达衬底之前会发生多次碰撞。因此，溅射沉积过程中，衬底与靶材之间的距离必须很近。在二元化合物溅射系统中可以安装多个靶。为了实现溅射材料的均匀分布，靶材的总面积不能小于衬底晶圆的总面积。

在4.4.2节中考虑的各种供电方案中，最常用的是频率在射频（RF）范围内且频率一般设置为 $13.56 \mathrm{MHz}$ 的交流电源。这种工艺称为射频溅射。由于射频溅射可以用于沉积导电（金属）和非导电（绝缘体）材料，因此它的通用性最好。如有需要，还可在反应溅射过程中改变沉积材料的化学成分。

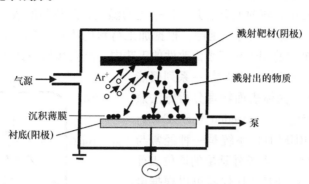

图 5.13 溅射沉积工艺示意图

对于传统溅射沉积工具而言，最重要的改进是在阴极上添加永磁体，从而实现了一种称为磁控溅射的薄膜沉积方案。阴极附近的磁场的主要作用是将电子限制在等离子体放电区域内，这样增加电子和氩原子之间的电离碰撞次数，从而提高溅射沉积速率，并使得电子向晶圆的运动产生偏移，防止电子撞击衬底表面而对衬底带来额外热量。

总的来说，由于磁控溅射与其他溅射方法相比，磁控溅射沉积速率快、沉积薄膜均匀性好，因此磁控溅射成为应用最广泛的溅射沉积技术。但其局限性在于衬底会暴露在高能等离子体环境中而有可能被损伤。

分子束外延 由于热蒸发和溅射不能实现原子层精度的薄膜沉积，因此它们都不能满足在晶格匹配的衬底上外延沉积形成单晶超薄薄膜的需要（见 2.7.2 节的讨论）。为了达到这种控制程度，从源释放的物质必须形成一个分子束。分子束通过在局部保持较高气压的气体并将气体通过小喷嘴扩散到较低压力的腔室中而形成。在这种形成的分子束中，粒子（原子或分子）以大致相同的速度运动，由于主要是平行运动，粒子之间很少发生碰撞。形成分子束的仪器称为束源盒。

利用分子束进行外延沉积的方法称为分子束外延（Molecular Beam Epitaxy，MBE）。MBE 可应用在先进半导体工程中，它是纳米技术中最重要的工具之一。

MBE 反应器用于进行分子束外延沉积，示意图如图 5.14 所示。MBE 反应器由超高真空处理室和支持 $10^{-8} \sim 10^{-9}$ Torr 范围真空的抽运设备组成。在 MBE 过程中，固体源材料通过升华直接转变为气相而不经过中间的液相。源材料固 – 气相的转变在束源盒中发生，其中气相颗粒通过小孔释放到真空室中形成分子束（见图 5.14）。安装在反应器上的束源盒数量取决于外延层形成所涉及元素的数量以及定义各层导电类型所需的掺杂剂数量。

考虑在图 5.14 中的情况下，含有 Ga、As 和 Al 的三个束源盒可在 GaAs 衬底上外延沉积 Al – Ga – As 材料系统中的各种化合物。在 MBE 过程中，沉积膜化学成分的突变通过机械快门实现，机械快门可以瞬间切断粒子向衬底的分子流。由于这一特点，MBE 可以形成应变和弛豫的超晶格和量子阱（见第 2 章的讨论），这些超晶格和量子阱由厚度小于 1nm（基本上是单个原子层的厚度）的薄膜组成。通过对材料成分和厚度的控制，人们可以利用 MBE

在多层材料系统中精确地实现带隙工程。

在 MBE 沉积过程中，将衬底升温并保持一定的温度，到达衬底表面的原子自对准于衬底的晶体结构并形成不受干扰的外延层。根据加工材料的不同，MBE 沉积的温度从 400 ～ 900℃不等。在外延沉积前用于衬底表面改性的工艺中，高温和超高真空是必不可少的条件。

作为一种超高真空工艺，MBE 与一系列仅能在高真空环境下实现的固体表面物理分析方法兼容。反射高能电子衍射（Reflection High Energy Electron Diffraction，RHEED）系统是一种经常与 MBE 工具结合在一起用于生长外延层的原位表征系统。如图 5.14 所示，RHEED 仪器可以根据电子束在掠射角下撞击表面而产生的衍射图案的变化来监测薄膜的生长。

在任何需要最高精度的外延沉积工艺的场合，MBE 沉积可用于处理从元素硅到四元 Ⅲ – Ⅴ、Ⅱ – Ⅵ多层结构的各种材料系统。MBE 可在原子

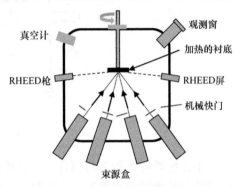

图 5.14　MBE 工艺腔的示意图

层尺度上控制晶体生长，对特定应用的器件可实现电子、光子特性调谐。由此获得的具有精确设计的带隙的复杂异质结构使得电子、光子器件及电路的范围得以扩展。对于电子器件，MBE 一方面可用于逻辑集成电路的高速、低功耗晶体管的实现，另一方面可用于基于化合物半导体的大功率处理晶体管的实现。而对于光子器件，MBE 工艺可用于开发和制造尖端 LED、激光二极管和高效太阳能电池。

由于要实现原子尺度的精度，MBE 工艺本身相对较慢，故只能达到相对较低的产能。虽然与上面列出的一些高度专业化的多层结构的制造需求兼容，但是 MBE 方法与需要相对适中温度外延沉积工艺的其他类型器件的批量生产不兼容。在这种情况下，下面讨论的金属有机物化学气相沉积（Metalorganic Chemical Vapor Deposition，MOCVD）方法是一种可行的替代方法。

5.4.4　化学气相沉积（CVD）

与物理气相沉积（PVD）在不改变化学成分的情况下沉积材料不同，化学气相沉积（Chemical Vapor Deposition，CVD）中沉积的材料实际上是由于处理室内气相中的化学反应而形成的。沉积材料的化学反应在衬底的表面或近表面区域发生。反应物以气相供给，所沉积的材料是上述化学反应中唯一的固态反应产物。CVD 要求反应的所有副产物都为气相形式，这样就可以从装有衬底晶圆的反应室中去除副产物。

原则上来说，典型的 CVD 工艺是热驱动的。根据使用的化学物质和衬底材料的成分不同，CVD 工艺所需温度可能为 400 ～ 1100℃。图 5.15 中举例说明了两种不同温度的 CVD 反应。其中一种是将气体化合物热分解并形成所需要的薄膜（见图 5.15a）。如将硅烷气体 SiH_4 热分解为固态薄膜硅并沉积在表面，同时将反应副产物氢气从工艺室排出，硅烷的热分

解过程需要约 950℃ 的温度。另一种反应是（见图 5.15b）将两种气体 [例如四氯化硅（SiCl₄）和氢气（H₂）] 引入工艺室，四氯化硅在约 600℃ 下与氢反应生成薄膜形式的固态硅和气态 HCl，并将 HCl 从工艺室排出。

在大多数情况下，CVD 使用的工具与其他热工艺中使用的工具没有太大区别。在实践中，常见的 CVD 间歇式反应器是图 4.6 所示的卧式或立式炉，由于是批处理器，因此可提供最高的产量。在某些工艺中，特别是那些 CVD 反应器是集群工具的一部分的工艺，使用单晶圆 CVD 模块（见图 5.15）。无论反应器几何形状和一次处理的晶圆数量如何，重要的是反应器内的气流动力学。为了制备均匀的薄膜，必须保证工艺室中气体的层流流动。气流中的任何湍流都会引起反应物压力和流速的局部变化，最终导致有缺陷的薄膜。

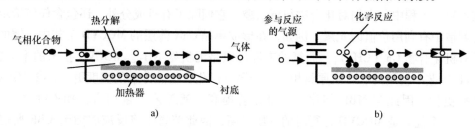

图 5.15　CVD 中发生的化学反应：a）热分解；b）两种气源间的化学反应

低压化学气相沉积（Low Pressure CVD，LPCVD）　LPCVD 与主流 CVD 的区别在于工艺过程所需气压。就设备的复杂性而言，在大气压下进行的常压 CVD（Atmospheric Pressure CVD，APCVD）工艺对设备要求最低。虽然 APCVD 最容易实现，但其沉积的薄膜质量不如LPCVD 工艺中得到的薄膜。在气压为 0.1～2Torr 反应腔中，采用与 APCVD 相同的方法，LPCVD 工艺可生产出更纯净的薄膜，具体表现为更纯的薄膜成分、更低的缺陷密度、更好的厚度均匀性和更好的台阶覆盖率。由于具有上述优点，LPCVD 成为应用最广泛的 CVD工艺。

等离子体增强化学气相沉积（Plasma Enhanced CVD，PECVD）　当需要使用 CVD 在覆盖有温度敏感材料的表面上沉积薄膜时，例如在后端工艺中（见 5.8 节），需要降低 CVD 工艺的温度。对于这种情况，可以采用等离子体增强化学气相沉积（PECVD）工艺。如第 4章中所述，用于产生等离子体的电场可提供额外能量以使得可以在较低温度下进行 CVD反应。

无论是溅射、PECVD 等增材工艺，还是用于本章后面讨论的减材工艺，它们所使用的等离子体增强反应器都是相似的。在半导体制造应用中，等离子体作为工艺介质时，其不同应用方式的区别在于所用气体化学成分、施加偏压的方式、用于产生等离子体的功率以及等离子体中的电势分布。

采用 CVD 工艺外延沉积形成高质量单晶膜时需要做一些特殊考虑，这层单晶膜的厚度范围从硅片上的几微米到碳化硅片上的几十微米不等。由于需要在超过 1100℃ 的温度下才能以生产上可行的生长速率得到高质量的外延层，因此高温 CVD 外延工艺仅适用于耐高温材料（如硅和碳化硅）。例如前面提到过的使用四氯化硅和氢外延沉积硅时，需要 1200℃ 的温度才能达到所需的外延膜生长速率。整个半导体制造工艺中需要采用的最高温度是碳化硅的热氧化，除了碳化硅的热氧化以外，硅和碳化硅的 CVD 外延沉积工艺也需要很高的温度。虽然已经证明可使用热 CVD 工艺在硅和碳化硅晶圆上进行外延层的大规模生产，但仍需要与耐温性较差的化合物半导体兼容的低温 CVD 的外延沉积方法。

金属有机物化学气相沉积（Metalorganic CVD，MOCVD）　许多 III - V 族和 II - VI 族化合物半导体在高于 1000℃的温度下会发生热分解，这些化合物半导体可采用低于 800℃的外延沉积方法沉积。在各种基于 CVD 的方法中，金属有机物 CVD（MOCVD）是一种可以在低于常规 CVD 外延所需的温度及 10 ~ 760 Torr 的压力范围内生长器件级外延层的技术，作为对比，前面讨论的分子束外延（MBE）技术需要超高的真空条件。

在半导体工程中，人们对化合物很感兴趣，它们除了有机成分外，还包含任何给定半导体器件制造中有利用价值的元素。例如，在形成单晶 GaN 薄层的 MOCVD 工艺中，镓的来源可以是有机化合物 Ga（CH_3）$_3$，而氮的来源可以是无机氨 NH_3。MOCVD 技术的本质在于：①与 CVD 工艺中使用的非有机原料相比，金属有机化合物热分解的温度更低；②MOCVD 的生长速率更快，因此与 MBE 相比，产量显著提高。就工艺产量而言，MOCVD 外延优于 MBE 的另一个优势是 MOCVD 运行时的气压更高，因此节省了将反应腔抽到 MBE 所需的超高真空所需的时间。

大规模生产 MOCVD 技术的发展主要是由使用 III - V 族化合物制造的光子器件的需求推动的。基本上，所有 III - V 族和 II - VI 族化合物半导体及其大部分合金都可以使用 MOCVD 沉积为高质量、掺杂均匀的单晶材料，无论是单层还是多层复杂异质结构。

总的来说，MBE 和 MOCVD 技术在 III - V 族化合物半导体器件工程中扮演着与高质量外延层沉积方法相似的角色。前者成功地在较小规模的商业制造、研发和原型制作中展现了其实用价值，而后者则用于发光二极管、高速异质结晶体管等器件的大规模商业制造。

原子层沉积（Atomic Layer Deposition，ALD）　薄膜 CVD 的另一种变体是原子层沉积（ALD），这里将它看作是 CVD 方法的一部分。ALD 最初主要用作沉积用于尖端 CMOS 技术的高 k 栅极电介质的超薄膜，后来在半导体器件工程中被扩展到更广泛的应用范围。

CVD 与 ALD 的区别在于：ALD 的沉积材料采用两种不同的气体反应物，并以严格顺序进行两阶段的化学反应；而 CVD 以单一的化学反应沉积薄膜材料。图 5.16 是 ALD 工艺的示意图，ALD 通常在不超过 300℃和数毫托至 1Torr 的压力下进行。将前驱体 A 和 B 以序列中彼此分离的脉冲 A - B - A - B - A - B 不断重复的形式引入工艺室。粘附在经过适当处理的衬底表面并与之反应的前驱体 A 需要与以下一个脉冲到达衬底表面的前驱体 B 反应以形成待沉积的材料。拖慢 ALD 薄膜生长速度的因素是在每个反应循环之后需要排空化学反应的所有副产物。ALD 过程是自限的，因为当表面没有足够的反应位点时 ALD 生长过程将会停止，这种现象有时被称为分子分层。因此，ALD 特别适合于需要精确控制的逐层、高度保形的超薄薄膜沉积，这些超薄薄膜间具有清晰的材料排列的界面，包括氧化物、金属、氮化物、硫系化合物等。

正如本节中 CVD 工艺的概述所提及的，基于 CVD 薄膜沉积方法提供了通用性、高性能

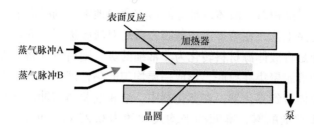

图 5.16　原子层沉积（ALD）反应器结构示意图

和高工艺产出率的独特组合。采用 CVD 工艺可以很容易地实现单晶、多晶和非晶材料的外延沉积。基本上任何的单质、化合物半导体材料薄膜甚至一些绝缘体薄膜、金属薄膜也都可以通过 CVD 沉积。此外，CVD 技术在工艺压力和温度方面提供了一系列的工艺选择。最后，采用 CVD 沉积的薄膜具有足够的厚度控制和良好的台阶覆盖。

　　由于上述原因，CVD 是半导体器件技术中一个重要的增材工艺。

5.4.5　物理液相沉积（PLD）

　　除了用于 PVD 工艺的固态前驱体和用于 CVD 工艺的气态前驱体外，半导体加工中也普遍使用液态前驱体。液体源经转化为蒸气后可以在 CVD 过程中作为反应物（如 MOCVD）。另外，黏性液相前驱体可以涂覆于晶圆表面并加热固化。在这种沉积方法中，将黏性液相前驱体施加于衬底表面的方法是区分各种技术的一个关键。下面介绍了实施物理液相沉积（Physical Liquid Deposition，PLD）增材工艺的一些常见方法。

　　旋涂沉积　PLD 最常见的方法是旋涂工艺。旋涂过程中，先将一定量的液体涂在衬底表面，随后晶圆以每分钟数千转的速度旋转，旋转产生的离心力使液体分布均匀。薄膜的厚度由衬底旋转速率［每分钟转速（r/min）］和旋转时间控制。最后加热旋涂后的衬底（温度通常低于 200℃），使溶剂蒸发并将沉积的液体转变为固体薄膜。

　　旋涂工艺易于实现，在半导体制造中通常用于沉积光刻胶（见本章关于光刻胶技术的讨论）。此外，旋涂工艺在本章后面提到的多层金属化方案的低 k 介电技术中起着重要作用。此外，在有机半导体器件制造等应用中也可使用均质化学溶液或胶体溶液沉积薄膜。

　　旋涂工艺有一些固有的缺点限制了它在某些工艺中的应用。首先，当需要低于 50nm 的薄膜厚度时，旋涂工艺不能以完全受控的方式沉积均匀的薄膜，尤其是衬底面积非常小或衬底形状不规则时。其次，旋涂工艺不适用于大面积、高质量的衬底（如用于制造大型显示器的衬底）。此外，旋涂工艺的材料利用率较低，因为在高转速旋涂后，只有一小部分材料以液体形式分布在表面上。对于昂贵液体，例如含有纳米晶量子点的胶体溶液，旋涂工艺会造成较严重的成本问题。

　　考虑到旋涂技术的局限性，在不适合使用旋涂的应用场景下，可以采用其他 PLD 方法来代替旋涂技术。下文将介绍在半导体器件工程中具有潜在应用价值的技术，包括喷雾沉积、微喷和喷墨打印。

　　喷雾沉积　喷雾沉积法可将液态前驱体涂覆于固体表面，且其厚度可以控制在单纳米范围内。顾名思义，喷雾沉积时，液体以细雾的形式缓慢地输送到衬底上，然后均匀地凝聚在衬底表面。类似于旋涂工艺，在喷雾沉积薄膜之后需对薄膜进行热固化。

喷雾沉积的原理是将液体源材料转化为非常细的雾，随后氮气将其带到沉积室，在沉积室中，亚微米大小的液滴聚集在衬底，形成一层均匀的黏性液体膜（见图5.17）。氮气压力将容器中的液相前驱体带到雾化器。在雾化器中，液相前驱体与冲击器发生一系列的相互作用，从而被转化为非常细的雾，雾滴的平均尺寸约为 $0.25\,\mu m$，但是如果使用不同的冲击器，雾滴尺寸可以更小。随后，氮气将雾气带入沉积室，在室温和接近于大气压的压力下，雾气在缓慢旋转（10r/min）的晶圆表面聚集。在场屏（接地）和晶圆之间还可以施加电场以加速（超过重力加速度）沉积过程。喷雾沉积完成后，将薄膜在150~300℃的空气环境中热固化，一段时间后溶剂蒸发并在晶圆表面留下固体薄膜。

喷雾沉积与其他液体物理沉积技术的区别在于其可在单纳米范围内控制薄膜厚度。因为实现这种精确水平的控制需要非常慢的沉积速率，所以这种技术最适合在低于50nm厚度范围内沉积薄膜。此外，喷雾沉积与衬底的大小和形状无关，并且提供了优于其他PLD技术的涂层一致性。由于喷雾沉积具有上述特点，因此喷雾沉积是旋涂的一个有效的替代工艺。但由于沉积速度非常慢，喷雾沉积工艺比其他PLD技术更适合5.1节中讨论的自下而上工艺，这是因为喷雾沉积是唯一一种可以对表面功能化时衬底表面发生的局部变化做出灵敏响应的技术。

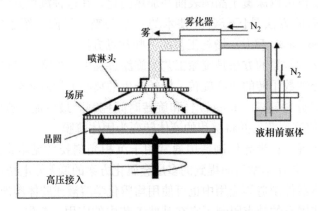

图5.17　实现喷雾沉积的系统结构示意图

微喷和喷墨打印　除了上面讨论的那些之外，我们日常生活中常用的薄膜PLD方法还有喷涂和喷墨打印技术。日常使用和高端技术应用中的喷涂和喷墨打印之间的区别在于，在膜厚方面以及喷墨打印情况下的线宽方面，沉积工艺的精度要高几个数量级。

微喷技术与衬底的尺寸、形状、刚度及化学成分无关，因此在PLD技术中微喷技术的应用范围最为广泛。然而，尽管不像其他一些PLD技术那样对衬底几何形状存在要求，但薄膜厚度大于 $1\,\mu m$ 时微喷技术才能最精确地控制薄膜厚度。这一不利特性限制了微喷技术在半导体器件制造中的应用，但在其他一些领域中，如大型太阳能电池板制造，可以使用微喷技术。

与仅以沉积薄膜为目标的微喷技术不同，喷墨打印技术可同时沉积薄膜及定义图案。因此，人们研究了使用喷墨打印技术在衬底上直接将液相前驱体形成微米尺度的图案（见 5.1 节）。喷墨打印的横向分辨率（最小线宽）在 $20\sim50\,\mu m$ 之间，形成图案的厚度在 $1\,\mu m$ 范围内。尽管存在一些几何约束，但喷墨打印技术特别适合用于具有微米级几何特征尺寸的有机半导体器件的制造。

总的来说，由于上述各种 PLD 技术的特点，PLD 能为各种工艺提供不同的解决方案。可以肯定的是，随着半导体器件制造技术的日益多样化，液相前驱体在半导体器件制造技术中的应用空间将持续扩展。

5.4.6 电化学沉积（ECD）

电化学沉积（Electro Chemical Deposition，ECD）工艺在各行各业中的应用非常普遍，用于在导电表面上形成薄金属层。ECD 工艺也称为电沉积或电镀，并且在它们的各种应用案例中属于更广泛的电泳沉积工艺家族。如果工艺是在恒流条件下进行的（通常在工业应用中），则还使用术语"恒流沉积"。

ECD 工艺在半导体技术中有着广阔的应用前景，在目前的商业半导体制造中，ECD 主要用于在先进集成电路制造中沉积铜薄层以作为互连线。图 5.18 是使用导电硅片作为衬底并进行 ECD 的工作原理图。在典型的 ECD 配置中，阴极是待涂覆的衬底（硅片），而阳极是待涂覆的材料衬底（铜）。为了使该过程正常进行，电解质（电解液）必须是要沉积的金属溶液，在图 5.18 所示的过程中它是硫酸铜溶液。在沉积过程中，由于在阳极和阴极发生电化学反应并且电流在这两个电极之间流动，所以铜可以有效地从阳极转移到溶液中，然后再转移到阴极并在其上覆盖一层薄铜层。

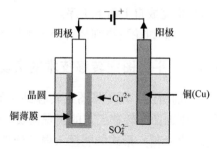

图 5.18 铜的 ECD 过程

从图 5.18 所示的典型 ECD 工艺中可以看出，进行 ECD 工艺的前提条件是衬底具有足够高的导电性以形成电流通路。如衬底不导电或被非导电材料（例如氧化物）覆盖，则需要在开始 ECD 工艺前在衬底表面上沉积导电的种子层。在阅读 5.8 节讨论的多层互连技术中的铜电镀沉积时，请牢记这一前提。

5.4.7 3D 打印

对于半导体制造中的增材工艺的讨论，除了 5.1 节中已经提到的 3D 打印内容外，本书关于 3D 打印的讨论的篇幅就不多了。毫无疑问，3D 打印是一个特殊的工艺，它超出了半导体制造中的两个传统范畴，即增材工艺和图案工艺，因为 3D 打印可同时实现这两种功能。3D 打印是更广泛的增材工艺的基础，在总体影响方面，它达到并超出了普通的增材工艺。

随着 3D 打印技术的不断发展，考虑到 3D 打印为创新器件设计提供了解决方案，3D 打印技术有望在现有的 3D MEMS/NEMS 设备之外定义新的 3D 半导体器件类别。

5.5   平面图案转移

平面图案转移技术本质上是一种印刷技术，因为平面图案转移决定了半导体器件的几何结构，进而决定了它们的基本特性和性能，所以在半导体器件制造中起着关键作用。在转移平面图形的情况下，该过程如果使用短波长紫外光作为印刷的能量载体来实施，就被称为光刻（也称为光学平面图案转移）。下文将以使用紫外光的波长来区分各种类型的光刻。在另一种不同的平面图案转移方法中，聚焦电子束作为能量载体，这种技术称为电子束光刻。

首先回顾在 5.1.1 节中引入的自上而下工艺。图 5.1c ~ e 指出，当遵循最常见的自上而下工序时，平面图案转移的本质是在图案转移材料（光刻胶）中定义所需图案。根据用于曝光的能量载体，这层材料可以是光刻胶（紫外光曝光，见图 5.1c）或电子束光刻胶（用于电子束曝光）。

图形转移要达到的最终目的是使沉积在衬底表面上的薄膜材料形成所需图案（见图 5.1b），通过使用 5.6 节提到的减材工艺之一可去除未覆盖光刻胶区域中的薄膜材料（见图 5.1f）来完成自上而下工序。

本节的讨论更详细地解释了半导体器件制造中使用的光刻工艺的原理。

5.5.1   平面图案转移技术的实现

如前所述，用于将图案转移到半导体晶圆（见图 5.1）表面的过程称为"平面图案转移"。平面图案转移工艺的实现需要：①应以波长尽可能短的紫外光（光学光刻）或电子束（电子束光刻）形式的能量入射到处理后的衬底，以在其表面上引发图案定义反应，②能量应能有选择性地影响表面，以及③介质应能够对能量做出响应以便记录能量造成的影响。本节将讨论与上述主题相关的问题。

掩模图案转移与直写图案转移   关于如何对加工晶圆表面有选择性地产生影响，前面提到的光刻技术和电子束光刻技术是实际应用中具有代表性的两种不同方法。

首先，使用一种称为掩模板的物体，掩模板具有可使紫外光通过透明部分和紫外光不能通过的不透明部分。位于透明区域的光刻胶受紫外光影响而形成待转移的图案（见图 5.19a）。在器件制造的不同阶段使用的掩模板的数量取决于所制造器件的复杂性，简单分立器件仅需几个掩模板，而复杂集成电路需要的掩模板数量可超过 20 个。

对于需要超高精度的图案转移工艺，如果用于光刻工艺的时间充裕，可以将高度聚焦的扫描电子束应用于衬底晶圆表面，从而将图案直接写入光刻胶中（见图 5.19b）。这种曝光模式称为直写光刻，将在本节后面的电子束光刻章节中进一步讨论。

曝光波长和分辨率   分辨率与从掩模板转移到光刻胶层的图形精度有关。当需要形成较小的几何特征时，就需要更高分辨率的图案转移过程。掩模边缘的衍射效应是限制分辨率的因素之一，它会对图案转移过程的分辨率产生不利影响，如图 5.20 所示。衍射程度以及图

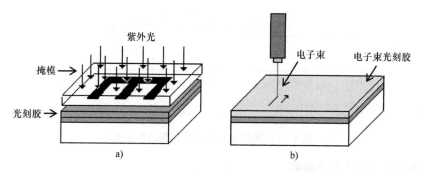

图 5.19　a）基于掩模的图案化；b）直写图案化

案转移的分辨率取决于通过掩模的光波长 λ，并且衍射程度随着光波长变短而减轻。因此，当需要在晶圆表面上形成纳米尺度的几何形状时，就需要在图案定义过程中使用技术上可行的、波长尽可能短的光来进行光刻。

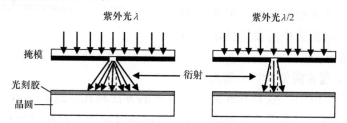

图 5.20　衍射对光刻工艺分辨率的影响随着曝光所用光波长 λ 的减小而减小

5.5.2　光刻

针对光刻工艺中高光强短波长光的需求，在半导体器件制造中，利用位于电磁波谱短波长端的紫外光作为能量载体。如前所述，光学光刻使用紫外光进行曝光。

电磁波谱的紫外线部分涵盖了从 400 ~ 10nm 的范围，而 10nm 是紫外线与 X 射线波长的分界线。在紫外光谱中有几条特定的特征线（波长），这些特征线具有特别高的强度且满足高分辨率图案转移过程的需求，因此这些波长的光被用于光刻。基于前面提到的紫外光谱的图示（见图 4.11），在图 5.21 中标出了这些特征线。

在传统光刻中，436nm 的 g 线和 365nm 的 i 线用于在微米尺度内描绘几何图形，例如传统薄膜晶体管（TFT）中的栅极长度，或太阳能电池中的接触宽度。利用汞（Hg）弧光灯产生所需的紫外光波长，并将使用对应紫外光波长的光刻技术称为 i 线光刻和 g 线光刻。

深紫外（Deep UV，DUV）光刻　当图案精细到纳米尺度范围，即需形成 10 ~ 250nm 的几何特征时，需要采用深紫外（DUV）光刻技术。DUV 使用更短的紫外波长范围（见图 5.21）。这么短波长的紫外光的产生需要用到准分子激光器，它能产生高度均匀的相干单色光束。其中，氟化氪（KrF）激光器可产生 248nm 波长，而在光刻中十分重要的氟化氩（ArF）准分子激光器可产生高强度的波长为 193nm 的紫外光（见图 5.21）。在各类的实际应用中，193nm 的波长是先进光刻领域中公认的标准能量载体。在 DUV 范围内，使用的是

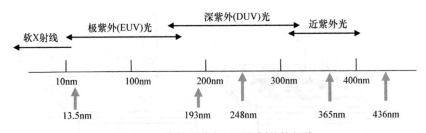

图 5.21　紫外光谱中用于光刻的特征线

图 5.22 中详细显示的透射光掩模。

极紫外（Extreme UV，EUV）光刻

7nm 及以下的几何特征图案化原则上需要使用 EUV 范围内的紫外光，通常使用 13.5nm 波长（见图 5.21）。EUV 光刻技术比 DUV 光刻技术复杂得多，成本也高得多，因此被用于前沿数字集成电路制造中需要定义单个纳米级几何特征的情况。

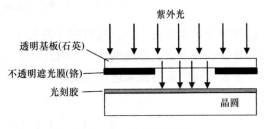

图 5.22　透射光掩模

产生 EUV 波长通常需要大功率激光产生的等离子体，因此与用于产生 193nm 或更长波长的方法相比，这是一组完全不同的挑战。目前选择的 EUV 生成方法涉及金属锡的熔化，然后通过高功率 CO_2 激光器激发其蒸气以形成能发射 EUV 的等离子体。这种方式产生的等离子体发射 13.5nm 波长的 EUV 光，其强度足以用于 5nm 及以下的光刻技术。为了减少吸收损失，必须将包括 EUV 源和图案定义工具在内的部件安装在高度真空腔中。

EUV 光刻的另一个特点是 EUV 所使用的掩模结构，它与其他光刻中使用的掩模结构不同。由于 EUV 范围内的光会被各种材料大量吸收，因此 EUV 光刻不能使用透射掩模（见图 5.22）。为了减少吸收损耗，一般需要在 EUV 光刻中使用多层反射镜组和尤为重要的多层反射掩模。所有这些措施都使得反射掩模结构非常复杂，本书对其并不进行详细讨论。后续讨论重点是用于 DUV 和紫外光刻的透射掩模。

光掩模　紫外和 DUV 光刻中使用的掩模称为光掩模并且是透射式的。根据在光刻曝光系统中使用光掩模的方式，术语"调制板"（reticle）一词用于指代本节稍后考虑的投影式光刻中使用的光掩模。

根据定义，光掩模由两部分组成（见图 5.22）。一部分对任何给定波长的紫外光都是透明的，通常被称为基板（blank）。为了确保对紫外光有足够的透明度，同时作为掩模不透明部分的机械支撑的坯料通常使用最高质量的石英制造。另一部分称为遮光膜，其功能为阻挡紫外光。遮光膜是一层薄膜，采用光学密度非常高的材料制备，例如最常见的是金属铬（Cr）。除了光学密度之外，不透明材料还需要在结构上均匀，以确保不透明线边缘的粗糙度［线边缘粗糙度（Line Edge Roughness，LER）］尽可能小，甚至达到原子级。在工艺分辨率要求不高的情况下，也可以使用以玻璃代替石英作为基板，以及以感光乳剂代替铬作为遮光膜的光掩模。

如果需要提高图案转移过程的分辨率,可以改进图 5.22 所示的光掩模,方法是在掩模的基板部分添加一个图形,这个图形可以将通过它的光的相位改变 180°。由此产生的相移掩模(Phase Shift Mask,PSM)是先进工艺中的标准元件。相移通常是通过在掩模的透明部分添加一薄层经过适当选择的材料[比如氮化硅(Si_3N_4)],并精确控制其厚度来实现的。或者,局部减小基板到精确确定的深度以实现通过它的光的相移,也可以获得相同结果。

提醒读者前文提及的要点,反射式掩模是这里讨论的透射式掩模的替代方案。对于反射式掩模,紫外光是被掩模反射的,然后图案投影到覆盖有光刻胶的晶圆表面。透射式和反射式掩模之间的选择取决于紫外光的波长,后者适用于 EUV 光刻中使用的极短波长紫外光。

上述这些先进的光掩模是用本节后面将讨论的电子束直写光刻技术制造的。

光刻胶 为了记录紫外光携带能量的局部影响(见图 5.21)而沉积在晶圆表面的材料称为光刻胶。就化学组成而言,光刻胶是一种对特定紫外光波长具有高灵敏度响应的有机化合物,这意味着不同成分调配的光刻胶可用于传统光刻和比如 DUV 光刻中。但是,电子束光刻需要使用不同类型的光刻胶。

光刻胶是一种对紫外光敏感的材料,紫外光在光刻胶层中促进光化学反应,从而改变光刻胶在显影剂中的溶解度。显影剂最常见的是液态形式,但在某些特殊情况下,光刻胶也可在气态(干燥)环境下显影。一类称为"正胶"的光刻胶是指在经紫外光照射后,光刻胶从最初不溶于显影剂变为可溶于显影剂。而与之对应的"负胶"则指在紫外光照射后,光刻胶从最初可溶于显影剂变为不溶于显影剂。光刻时根据实际需要选择正胶和负胶。正胶在图案转移过程可达到更高的分辨率,因此可用于转移非常精细的图案。而另一方面,负胶对紫外光更敏感,这意味着它的曝光时间更短,从而可实现光刻工艺的高产出。

在工艺开始时,光刻胶为一种聚合物基黏性液体的形式,一般通过 5.4.5 节中提到的旋涂工艺沉积在晶圆表面,并通过低温固化以蒸发其溶剂,降低其黏性。

通常,在沉积光刻胶之前,使用旋涂工艺进行沉积,使光刻胶充分粘附到衬底(可使用粘附促进剂)。此外,在沉积光刻胶之前,需要将一种称为底部抗反射涂层(Bottom Anti Reflective Coating,BARC)的紫外吸收材料薄膜旋涂在晶圆表面上,以防止在后续曝光步骤中穿过光刻胶的紫外光从晶圆表面反射。

在光刻胶暴露于紫外光的区域中,光化学反应改变了材料在显影剂中的溶解度,如上所述,正胶和负胶的溶解度变化不同。

光刻胶除了作为感光材料,在光刻后的刻蚀过程中还起着材料刻蚀掩模的重要作用(见 5.6 节)。因此光刻胶不仅需要对紫外光高度敏感,而且还需要耐化学腐蚀性,即使暴露在具有高度腐蚀性的化学环境中也能保持其特性。

5.5.3 光刻中的曝光技术及工具

利用透射掩模使光刻胶曝光有三种不同方式:接触式、接近式和投影式(见图 5.23),需根据下文讨论的图案化过程所需分辨率来确定具体方式。考虑到晶圆表面上形成纳米尺度的几何特征对图案化步骤的要求最高，本节后续将讨论最常见的分辨率增强技术。

无论使用哪种曝光技术，曝光前都需要进行一项重要步骤：将掩模与晶圆表面已经存在的图案对齐。掩模对齐过程可在激光的辅助下自动执行，利用掩模上的对齐标记，激光对齐过程可准确地将其与之前图案化步骤中形成的图案对齐。

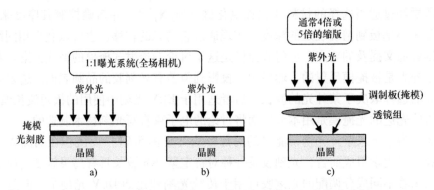

图 5.23 a）接触式光刻；b）接近式光刻；c）投影式光刻

接触式光刻　接触式光刻涉及晶圆的全域曝光。在接触式光刻过程中，掩模与覆盖有光刻胶的晶圆表面保持物理接触（见图 5.23a），从而减少穿过掩模的光衍射产生的不利影响，如图 5.20 所示。接触式光刻可以描绘小到约 $0.5\mu m$ 的图案，这大致对应于所使用的紫外光的波长。接触式光刻的缺点是：当掩模和晶圆彼此对齐并保持紧密接触时，它们之间可能会发生机械相互作用，因此掩模和晶圆有损坏的可能性。此外，接触式光刻的产出率相对较低，这限制了接触式光刻在器件的大规模生产中的应用。

接近式光刻　采用接近式光刻，整个晶圆都暴露在紫外光（全场相机）下，如图 5.23b 所示，这点与接触式光刻相同。然而，与接触式光刻不同，接近式光刻中掩模紧邻晶圆（通常为 $20\mu m$ 的距离），但不与晶圆表面形成物理接触（见图 5.23a），这样就防止了掩模与光刻胶接触而导致的掩模损坏，但是这是以图案转移过程中分辨率的降低为代价的。由于掩模与晶圆之间存在间隙，图 5.20 中所示的图案发生扭曲的衍射效应使得接近式光刻不能形成小于约 $2\mu m$ 的图案。

投影式光刻　投影式光刻是工业制造过程中最常用的光刻技术。投影式光刻中，掩模上的图案不是像接触式光刻和接近式光刻那样直接投射到晶圆表面，而是通过位于掩模和晶圆之间复杂的透镜系统投射在晶圆表面（见图 5.23c）。使用这种配置，通过使用靠近晶圆表面的精心设计的透镜系统，可以对通过掩模（调制板）的紫外光产生的图像进行控制，以提高图案转移的精度（分辨率）。

与接触式和接近式光刻中使用的全场相机不同，投影式光刻通常使用步进重复相机，这种相机还原了掩模上的图案并将其曝光在晶圆表面上，随后将晶圆步进到新的位置并再次曝光，该过程被重复多次，直到掩模上的图像复现在整个晶圆表面为止。

显影过程紧跟在曝光之后，如前所述，显影步骤根据所使用的光刻胶是正胶还是负胶来去除光刻胶的暴露于或不暴露于紫外光的部分。在显影之后，晶圆需要经过低温退火过程，即所谓的"坚膜"。该步骤的目的是在刻蚀工艺之前硬化光刻胶。在之后的刻蚀过程中,光刻胶充当刻蚀掩模,保护光刻胶覆盖区域的材料。

分辨率增强技术 分辨率增强技术是一种在用于曝光的固定波长的紫外线下提高图案转移过程分辨率的方法。例如,在 DUV 光刻中使用的 193nm 的紫外波长下,可以使用适当的分辨率增强技术以形成小至 10nm 的图案。之前提到的相移掩模就是一种分辨率增强技术。本节将讨论三种分辨率增强技术,对于涉及更复杂效应的技术将不做讨论。

在用于亚 22nm 光刻的分辨率增强技术中,浸没式光刻是公认的解决方案。浸没式光刻技术与投影式光刻搭配使用,在步进式光刻机(见图 5.23c)中,末端投影透镜和晶圆之间的空间充满着水而不是空气(水的折射率 $n = 1.44$,空气的折射率 $n = 1$)。浸没式光刻使得紫外光穿过折射率增大了的介质,从而增加了光学系统的数值孔径(Numerical Aperture,NA),所以能在晶圆表面上描绘更小的关键尺寸(Critical Dimension,CD),也称为最小特征尺寸。

与涉及工艺仪器方面的相移掩模和浸没式光刻不同,另一种被称为计算光刻(也称为计算缩放)的常见分辨率增强技术是通过将算法解决方案构建到掩模设计过程中来提高图案转移过程的分辨率。这些算法需要考虑光通过掩模时由于非理想光学效应而造成的图案失真。在计算缩放的各种方法中,光学邻近校正是最常见的。

另一种提高分辨率的方法与在光刻胶上进行图案转移的方式有关。如果需要创建高密度、精细且复杂的图案,单次紫外曝光可能不足以完成高分辨率图案的转移过程。多次光刻是一种解决方案,在多次曝光过程中,即便是最精细的图案也可确保获得均匀的曝光。

在先进的制造工艺中,为了在晶圆表面产生期望的最小特征尺寸,需要结合使用一种以上的分辨率增强技术。例如,可以将浸没式光刻与多次曝光结合使用以提高图案转移过程的分辨率。

5.5.4 电子束光刻

在非光学光刻或使用短波长紫外光以外的能量承载曝光介质的光刻技术中,电子束光刻(e-beam lithography)是最重要的,因为它具有包括直接写入能力在内的突出特性。使用"软"X 射线而不是紫外线的光刻技术被称为 X 射线光刻技术,它并没有得到积极的研究。因为"软"X 射线的波长非常接近极紫外线范围的波长(见图 5.21),它在图案转移过程中并不能提供有实际意义的比 EUV 光刻更好的分辨率。

电子束光刻技术利用一束经过良好聚焦的电子束,可在不使用掩模的情况下将图案直接写到光刻胶中(见图 5.19b)。聚焦后的电子束直径可小于单个纳米,可以形成比传统 DUV 光刻更精细的图案。用于电子束光刻技术的光刻胶称为"电子束光刻胶",其配方不同于传统光刻中所使用的光刻胶。传统光刻胶能够响应短波长紫外光的能量,而电子束光刻胶的化学成分让其可灵敏地响应电子撞击时所释放的动能。

上文讨论的邻近效应是电子束光刻无法达到与入射电子束直径相同的特征尺寸的原因。在电子束光刻中,临近效应是由穿透光刻胶的电子散射以及光刻胶下方固体发射的二次电子造成的（见4.4.3节）。因此，与激发电子相互作用的光刻胶面积大于入射电子束的直径（见图4.10a）。

尽管受到邻近效应的限制，电子束光刻仍是掩模制造、专用器件制造、原型制作、工艺开发和研究的首选方法。

5.6　减材工艺

上一节讨论的光刻工艺可在光刻胶层中雕刻出所需的几何图形，这样就完成了图案定义过程的第一阶段。在图案定义的第二阶段中，未被光刻胶覆盖的材料将在称为刻蚀的减材工艺中去除（见图5.1d）。人们对高性能刻蚀工艺的需求是永无止境的，若刻蚀工艺达不到光刻工艺的精度，那么再高精度的光刻工艺也是没有任何意义的。

本节将讨论半导体器件制造中刻蚀技术的最重要方面。本节首先回顾刻蚀工艺的一般特点并介绍了各种刻蚀方式，随后讨论了液相刻蚀（湿法刻蚀）和气相刻蚀（干法刻蚀）方法。本节最后将简要提及在刻蚀后去除光刻胶的技术，即光刻胶剥离技术。

5.6.1　刻蚀工艺的特点

半导体工程中，通常从刻蚀的选择性/非选择性及各向异性/各向同性等方面考量刻蚀工艺。刻蚀的选择性是指对某种材料有着高刻蚀速率，而它与晶圆表面的其他材料发生的相互作用则可忽略不计。图5.24a说明了选择性刻蚀过程：材料A被刻蚀，而位于A底部的材料B没有被刻蚀。相反，非选择性刻蚀的刻蚀速率相对来说不受暴露在刻蚀液中材料的化学成分影响。图5.24b体现了非选择性刻蚀：在刻蚀掉材料A后，材料B的刻蚀过程继续进行。

除了材料与刻蚀剂的相互作用外，刻蚀过程中另一个值得关注的问题是方向性。各向同性刻蚀指的是在任何方向上的刻蚀速率均相同，即除了沿垂直于表面的方向刻蚀材料A外，还沿着横向进行刻蚀（见图5.24d）。由此导致的底切是氧化物中的图案与光刻胶中的图案相比存在变形的原因。相比之下，各向异性刻蚀的特点是材料去除的高方向性，如图5.24c所示，在材料A中刻蚀得到侧壁陡直的窗口。

人们在工程上尽可能地让刻蚀过程具有选择性，所以一般不希望采用非选择性刻蚀工艺。但各向同性和各向异性刻蚀模式之间的选择则是根据工艺的实际要求。需要通过选择合适的刻蚀方法来实现对刻蚀形貌的控制，如本节后面讨论的那样。

根据刻蚀过程中相互作用的性质，可对各种刻蚀方法进行分类。当仅通过化学反应刻蚀材料时，这类过程为化学刻蚀过程。在湿法刻蚀（液相刻蚀）中，被刻蚀材料经过化学反应后形成能溶于刻蚀剂的物质；而在干法刻蚀（气相刻蚀）中，被刻蚀材料反应后形成易挥发的物质；就刻蚀介质的相而言，居于两者中间的是化学气相刻蚀，其中刻蚀剂以气相输送，但刻蚀反应在液相中发生。

另一方面，纯物理刻蚀通过物质之间的动量转移实现材料的去除过程，例如使用氩离子

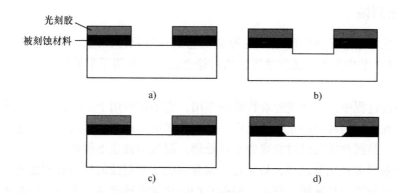

图 5.24 刻蚀工艺的特点：a）选择性；b）非选择性；c）各向异性；d）各向同性

轰击材料，被刻蚀材料的原子或原子团将从表面喷射出来，其过程与第 4 章和本章前面讨论的溅射过程相同。

表 5.1 中，不同的刻蚀模式与刻蚀特性有关。如表所示，可以使用液相、蒸气和气相刻蚀剂实现化学刻蚀。在液相、蒸气和气相刻蚀剂中都可以进行选择性刻蚀，但由于化学刻蚀反应不能单向进行，故三种情况都具有高度各向同性。就物理刻蚀而言，由于没有任何液体物质能够加速溅射过程，故不可能在液相中实现物理刻蚀。

表 5.1 半导体制造中所采用的刻蚀方式

	化学刻蚀	化学/物理刻蚀	物理刻蚀
湿法	选择性	—	—
液相	各向同性	—	—
干法/湿法	选择性	—	—
蒸气	各向同性	—	—
干法	选择性	选择性	非选择性
气相	各向同性	各向异性	各向异性

在诸如先进集成电路之类的密度高、尺寸小的器件制造中需要高度局部化、各向异性和选择性的刻蚀过程。因此，在刻蚀过程中必须同时发生物理和化学相互作用（见表 5.1 中的物理/化学刻蚀）。这种刻蚀模式由于涉及物理相互作用而只能通过气相化学方法来实现。另一方面，如本节后面所示，有些应用不需要各向异性刻蚀。在这种情况下，刻蚀只能由化学反应进行，可根据给定刻蚀工艺的要求，在湿法、蒸气或干法环境中发生化学反应。

刻蚀速率在任何减材工艺中都是一个重要的参数。当刻蚀剂与所刻蚀材料的组合不同，它们的刻蚀速率也不同，因此在实际的器件制造中如需进行刻蚀工艺，那么刻蚀速率在刻蚀前就需要确定。在一定的刻蚀条件下，刻蚀速率很大程度上取决于被刻蚀材料的化学成分和结构特征。因此，根据所测量的刻蚀速率可以检测被刻蚀材料基本特性的变化。

5.6.2　湿法刻蚀

湿法刻蚀操作基于半导体制造中的湿法工艺的一般原理，这在4.2节中已经进行了讨论。此外，5.3.2节中关于湿法清洗工艺的讨论也进一步阐明了半导体器件制造中的湿法操作方式。

在湿法刻蚀过程中，水冲洗起着特殊的作用，它不仅可用于去除晶圆表面的刻蚀反应产物，还可用于在所需的时刻停止刻蚀反应。此外，如第4章中的讨论所示，包括刻蚀在内的所有湿法工艺，晶圆都需要经过彻底的干燥处理，湿法刻蚀也不例外。

湿法刻蚀采用多种化学试剂，具体化学成分取决于所刻蚀的材料和刻蚀的工艺目标。无论是半导体、电介质还是导体，都可以根据它们的化学性质选择工艺中采用的化学试剂。有些化学试剂已经在4.2.2节中提到，但即使仅列出一些最重要的材料所对应的湿法刻蚀化学物质，也超出了本书的范围。因此，仅作为示例，下面列出了用于处理常见半导体材料的少数几种刻蚀化学品。

当对硅进行湿法刻蚀时，根据所选择的刻蚀机理来选择涉及卤素酸〔例如盐酸（HCl）〕的各种水溶液。通常，使用基于氧化-还原循环的工艺来实现硅的刻蚀，所需的化学试剂为含有硝酸（HNO_3）和氢氟酸（HF）的水溶液。氢氟酸的水溶液也广泛应用于二氧化硅（SiO_2）的化学刻蚀中，因此氢氟酸是半导体制造中最常用的液相化学品之一。

化合物半导体的湿法刻蚀更具挑战性，湿法刻蚀在某些情况下，例如对于碳化硅（SiC），是完全无效的，因此此类材料的刻蚀完全依赖于气相刻蚀化学品。对于Ⅲ-Ⅴ族化合物（例如 GaN、GaAs 或 InAs）来说（它们通常以各种组合作为三元化合物来进行加工），使用湿法工艺进行刻蚀涉及各种各样的化学品，即使对它们进行最肤浅的介绍也超出了本书的范围。

与容易刻蚀的 SiO_2 相比，半导体器件制造中常用的一些其他电介质需要腐蚀性相对较高的液相化学品进行刻蚀。如氮化硅（Si_3N_4），它需要磷酸（H_3PO_4）在180℃下以适当的速率进行刻蚀。对于半导体器件中用于接触和互连的金属，湿法刻蚀的有效性也因金属材料而异。例如，使用磷酸（H_3PO_4）、乙酸（CH_3COOH）和硝酸（HNO_3）的水溶液可以相对容易地实现对铝（Al）的刻蚀。另一方面，对其他如铜或难熔的金属进行湿法刻蚀会产生一些技术问题，这些问题通常可使用替代方法解决，例如5.8.3节中讨论的大马士革工艺。

由于湿法刻蚀的基本特性，湿法刻蚀特别适合用于所谓的优先刻蚀工艺。在优先刻蚀工艺中，晶体中的某些晶面的化学反应速率相对较快。该工艺主要用于鉴别单晶半导体材料中的结构缺陷。

实际应用中，半导体器件大规模制造中的湿法刻蚀工艺最常涉及使用第4章中提到的湿法工作台的浸没技术。

5.6.3　蒸气刻蚀

由于蒸气刻蚀的独特特性及应用，它在这里被认为是一种独立的刻蚀模式。它在反应物保持为气相的同时，结合了湿法刻蚀的各向同性和对紧密几何特征可能的渗透性。在蒸气刻蚀中，反应物以蒸发的液态化学品和水蒸气或有机溶剂的混合物的形式到达刻蚀表面。混合蒸气在表面凝结，并在液相中参与刻蚀反应。由于衬底会保持在高于室温的温度（通常在 40～70℃），故刻蚀反应物以蒸气形式从表面去除。可通过控制温度从而控制刻蚀速率并防止在刻蚀表面上形成固体残留物。

蒸气刻蚀的主要例子是使用无水氢氟酸（AHF）和甲醇（或乙醇）的混合蒸气进行刻蚀。在气相中，AHF:醇溶液可以穿透紧密的几何特征，而液态 HF 溶液由于表面张力无法穿透。

AHF:醇溶剂通常用于 MEMS 释放工艺（见图 3.26）。MEMS 释放工艺需要对复杂横向几何结构中的牺牲层氧化物进行各向同性和选择性刻蚀。此外，AHF:醇溶剂还可用于在形成接触的沉积工艺之前去除硅表面自生长的超薄氧化物（见 5.8.1 节的讨论）。

由于 AHF:醇溶剂的独特特性和在狭长的横向沟道中刻蚀氧化物的能力，故使用AHF:醇溶剂刻蚀是硅 MEMS 器件技术的重要组成部分。

5.6.4 干法刻蚀

干法刻蚀使用的气体不含任何水蒸气或者能通过反应生成水的气体蒸气。在绝大多数实际应用中，如 4.4.2 节所述，干法刻蚀工艺需要通过放电产生的电活性物质。这就是为什么干法刻蚀需要等离子体作为工艺驱动介质的原因，并且等离子体的密度对刻蚀工艺的效率有决定性的影响。根据刻蚀模式的不同，电活性物质可以是化学中性的，例如氩离子 Ar^+，或化学反应性的，例如氯离子 Cl^-。与湿法刻蚀和蒸气刻蚀不同，干法刻蚀可以在各向同性化学刻蚀或各向异性和非选择性物理刻蚀中实现。必要时，干法刻蚀可以配置为化学刻蚀和物理刻蚀的结合体。

如图 5.25 所示，干法刻蚀模式由反应气体的压力和刻蚀物质的能量控制，且当刻蚀物质的能量增大时，刻蚀就向纯物理刻蚀方向靠近。在 1～100Torr 压力范围内的低能量刻蚀（刻蚀物质能量低，不加速刻蚀过程）是严格的化学刻蚀，被称为等离子刻蚀。另一方面，在 10^{-3}～10^{-5}Torr 的压力范围内，并且刻蚀物质携带动能（向被刻蚀材料加速运动）的刻蚀过程则变成纯物理的刻蚀过程，它具有各向异性和非选择性的特性。因此，它又称为离子铣削或溅射刻蚀。

反应离子刻蚀（Reactive Ion Etching，RIE）是在中等能量和压力（10^{-3}～10^{-1}Torr）下，结合等离子刻蚀和离子铣削特性的一种干法刻蚀方法（见图 5.25）。反应离子刻蚀是半导体制造中最常用的干法刻蚀方法。下文简要总结了各种干法刻蚀的一般特点和应用。

等离子刻蚀（Plasma Etching） 等离子刻蚀是各向同性的气相减材工艺，在该工艺过程中，通过等离子产生的刻蚀物质与被刻蚀材料之间的化学反应发生刻蚀。在没有外力促进刻蚀物质向晶圆表面运动的情况下，等离子刻蚀取决于刻蚀物质和晶圆之间发生的随机相互作用（见图 5.26）。这种情况下，等离子刻蚀类似于传统的湿法刻蚀工艺。因为刻蚀物质到达刻蚀表面时携带的动能非常小，所以等离子刻蚀过程不会对表面造成任何明显的损伤。

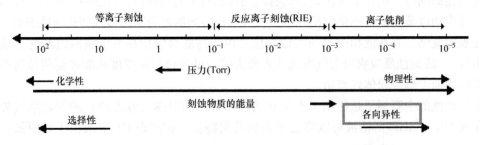

图 5.25　各种不同干法刻蚀方式所用的压力及刻蚀物质的能量

等离子刻蚀通常用于光刻胶剥离工艺（见 5.6.5 节）和其他不需要各向异性刻蚀但需要避免损伤刻蚀表面的工艺。在反应器结构方面，等离子刻蚀可以使用第 4 章中提出的平行板反应器，也可以使用为执行等离子体驱动的批处理工艺而配置的桶式反应器。

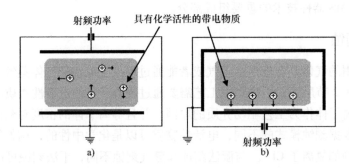

图 5.26　a) 等离子刻蚀反应器；b) 反应离子刻蚀（RIE）反应器

反应离子刻蚀（Reactive Ion Etching, RIE）　RIE 提供了各向异性和选择性的最佳组合，因此，如前所述，它是图案化应用中最常用的刻蚀技术。由于刻蚀过程中涉及物理刻蚀，因此 RIE 会造成被刻蚀材料表面的物理损伤，并且经常穿透、污染被刻蚀材料的近表面区域。

RIE 与纯等离子刻蚀的不同之处在于刻蚀反应器的配置和施加射频功率的方式（见图 5.26）。两者共同改变了系统中的电位分布，使得等离子体产生的化学反应离子加速向晶圆运动。这改变了刻蚀物质和被刻蚀材料之间的相互作用的性质，从等离子刻蚀的纯化学（见图 5.26a）变为 RIE 的化学和物理结合（见图 5.26b）。

作为最通用的刻蚀工艺，RIE 可用于对半导体器件制造中涉及的任何材料进行图案化，无论其化学成分和晶体结构如何，包括一些难以使用其他刻蚀技术刻蚀的难熔金属（如铜）。RIE 处理材料的多样性给刻蚀化学品的选择方面带来了广泛的可能性。人们需要根据待刻蚀材料的化学成分以及刻蚀工艺的具体目标来确定有关 RIE 化学成分的信息。

在进行 RIE 工艺时，通常使用配备有等离子体密度增强特性的反应器，如电感耦合等离子体（Inductively Coupled Plasma, ICP）反应器（见图 4.9a）。

磁增强反应离子刻蚀（Magnetically Enhanced Reactive Ion Etching, MERIE）　如 4.2 节

所显示的，磁场的应用限制了等离子体中的电子运动，提高了电离效率，从而增加了等离子体密度及刻蚀速率。根据电磁场与等离子体的耦合方式，反应器可分为梅里（MERIE，磁增强反应离子刻蚀）反应器、电感耦合等离子体（ICP）反应器、ECR 等离子体反应器和 helicon 等离子体反应器。

总的来说，在干法刻蚀技术中利用磁场来增强 RIE 的工艺是被广泛采用的。

深反应离子刻蚀（Deep Reactive Ion Etching，DRIE）　DRIE 是 RIE 工艺的一种变体，它专门针对长时间刻蚀，在 MEMS 器件工程中产生微米尺度的横向和侧向特征。这些应用中常用的是 Bosch 工艺，该工艺专为 MEMS 制造中所需的深刻蚀而开发。该工艺以一系列步骤进行，其中一项步骤是在刻蚀区域的暴露侧壁上形成具有保护性的聚合物层（保护层），以防止在长时间的 DRIE 过程中出现不希望的横向刻蚀。完成 DRIE 工艺后，通过等离子刻蚀去除聚合物层。

离子铣削（ion milling）　如图 5.25 所示，不同于等离子刻蚀和 RIE，离子铣削是一种纯物理的干法刻蚀模式。离子铣削基本上是对暴露的材料进行定向溅射的过程，在此过程中，刻蚀仅通过非化学活性离子（如 Ar^+）之间的物理相互作用进行，这些离子向被刻蚀材料加速运动。由于各种材料的溅射系数相似，因此离子铣削过程是高度各向异性和非选择性的。如图 4.10b 所示，"铣削"一词充分反映了工艺的性质。

原子层刻蚀（Atomic Layer Etching，ALE）　ALE 是气相刻蚀模式，虽然它不在图 5.25 列出的干法刻蚀技术中，但由于它在先进半导体加工中的重要性，因此本书也在这里简要说明。前面讨论的原子层沉积（ALD）可以保形沉积几纳米厚的薄膜，类似地，ALE 可以以原子级尺度精度去除材料。然而，逐层去除材料在技术上比同等精确的沉积更具挑战性。这是因为各向同性、保形的 ALD 工艺在很大程度上不依赖于衬底的化学成分，因为它形成了自己的表面化学；而 ALE 需要各向异性和高度选择性，同时依赖于被刻蚀材料的化学成分。与 ALD 类似，为了实现材料去除过程的原子层精度，ALE 反应也需要具有自限性。

5.6.5　去胶

如前所述，在典型的自上而下的图案化工艺中，抗蚀剂（对于光刻的情况抗蚀剂为光刻胶，下文全部以光刻胶为例）在刻蚀过程中用作掩模，这意味着刻蚀完成后，光刻胶必须从晶圆表面完全去除。被称为去胶的工艺是如图 5.1 所示的图案定义工序的最后一个步骤。光刻胶作为一种有机材料，可通过氧化和溶解在丙酮等液体溶剂中或通过氧等离子体中的氧化在气相中被去除。氧等离子体去胶工艺通常称为灰化。在半导体晶圆的批量处理中，去胶通常在桶式反应器里完成。

去胶是一个要求很高的过程，因为它的目标是让加工表面没有任何固体残留物和污染物。但光刻胶在离子注入过程中用作掩模时，问题就来了（见下一节）。离子注入过程中注入光刻胶中的物质会改变其化学成分，以至于光刻胶即使暴露于使其氧化的化学物质中，也不足以确保光刻胶被完全去除。如果遇到这种情况，就需要额外的清洁步骤将光刻胶完全去除。

5.7 选择性掺杂

有好几种方式可以通过在宿主材料中引入少量外来元素来显著影响材料的基本性能。如在砷化镓（GaAs）中引入锰（Mn）原子，其结构转变为 GaMnAs 而呈现铁磁性。在通过将外来元素引入固体结构来改变固体性质的过程中，被称为"掺杂"的过程发挥了某种特殊作用。在后续讨论中，术语"掺杂"专门用于指代将称为掺杂剂的外来元素（有时也使用"杂质"一词）引入给定半导体材料（例如硅）以改变其导电性和/或改变其导电类型的过程（见 1.2 节中的讨论）。

控制半导体的导电性，特别是导电类型（n 型或 p 型）的能力是任何半导体器件制造技术的基础。正如第 2 章中所讨论的，半导体导电性的建立可以是在材料生长期间通过均匀地添加掺杂剂，也可以是在器件制造期间将掺杂剂选择性地（局部地）添加到衬底晶圆（见图 5.5b）。单晶生长工艺、半导体的外延沉积、掺杂多晶和非晶半导体的 CVD 都是前者的例子。而本节中对掺杂工艺的讨论集中在后者，这意味着讨论特别关注宿主半导体材料的选择性掺杂。术语"选择性掺杂"在此被理解为在均匀预掺杂的半导体衬底内形成 n 型或 p 型的横向和纵向限制区域的过程。

半导体制造中有着基于扩散和基于离子注入的两种选择性掺杂工艺。

5.7.1 扩散掺杂

从本质上来说，只有当掺杂原子存在浓度梯度时才能进行扩散掺杂。另一个发生扩散的前提条件是保持高温的宿主材料。只有这样，其晶格中的原子才能被扩散的掺杂原子取代（替位扩散），并与宿主原子形成化学键后起到施主或受主的作用（见 1.2.1 节和图 1.7）。如本书前面所指出的，对于硅来说，Ⅲ族元素硼用作受主（p 型掺杂剂），而 V 族元素磷、砷和锑可根据工艺特性的不同选用作 n 型掺杂剂。

也可能发生另一种情况，一些元素可以在宿主半导体（如硅）中扩散，在宿主原子间移动而不与宿主原子发生任何键合（间隙扩散）。对于硅而言，铜、金等金属是快速扩散元素。但由于显而易见的原因，这类快速扩散元素不能用作硅的掺杂剂。

从本质上讲，扩散性掺杂过程需要高温条件。因此，扩散性掺杂仅限于热稳定的单质半导体，而对于某些不具备热稳定性的化合物半导体则不能采用扩散性掺杂工艺。

图 5.27 显示了通过扩散形成掺杂区以形成 p-n 结的一系列步骤，即在 n 型半导体中添加 p 型掺杂剂的过程。n 型硅衬底的施主浓度 $N_D = N_B$，而硼则被用作 p 型掺杂剂。第一组操作旨在形成图案化的二氧化硅（SiO_2）掩模层，图案化是通过光刻工艺实现的（见图 5.27a）。它定义了掺杂原子渗透（扩散）形成 p-n 结的区域。在形成掩蔽氧化物之后，晶圆暴露于含硼（掺杂剂）、氧的高温环境中，以形成具有高浓度硼的氧化物薄层。这个过程称为预沉积，也称为无限源扩散。由于预沉积步骤是在高温下进行的，而由于存在浓度梯度，硼会穿透硅衬底的近表面区域，在结深 x_{j1} 处形成 p-n 结（见图 5.27b）。硼浓度的最

终分布如图 5.27c 所示，图上显示了在扩散过程中硼的受主浓度等于 n 型衬底中施主浓度的点（$N_A = N_B$），即结深 x_{j1}；还给出了在预沉积温度下，由硼在硅中的固溶度极限决定的表面浓度 N_{o1}。

从晶圆表面去除富含掺杂剂的氧化物（见图 5.27d）可防止向衬底中引入新的掺杂剂，但当额外热处理的热预算超过预沉积步骤的热预算时，已经引入硅中的掺杂剂会发生重分布。如图 5.27e 所示，这种被称为"推进"或有限源扩散的掺杂剂重分布过程使得表面浓度从 N_{o1} 降到了 N_{o2}，从而驱使 p‑n 结更加深入衬底。推进过程可以有意地用于改变掺杂剂的分布，或者由于与扩散掺杂工艺无关的原因，推进过程可以是晶圆经受热处理时发生的不希望出现的副产品。无论使用何种掺杂技术，掺杂原子一旦被引入半导体衬底，它们都会经历相同的重分布过程。

扩散掺杂是一种高温工艺，它通常使用电阻加热炉（扩散炉）来达到所需温度（见图 4.6）。对于需要缩短预沉积扩散时间以形成浅 p‑n 结的工艺，可以采用低热预算工艺的快速热处理（Rapid Thermal Processing，RTP）工具（见图 4.7）。

如图 5.27 中掺杂区域的形状所示，扩散是各向同性的过程，这意味着掺杂区域会发生横向扩散而扩展到氧化物掩模边缘的下方（见图 5.27d）。虽然这种图案失真对于具有宽松几何结构器件的影响可以忽略不计，但对于具有非常紧凑几何结构的器件和电路来说，这种失真会导致它们不能正常工作。因此，纳米尺度集成电路的制造需要采用称为离子注入的选择性掺杂技术。

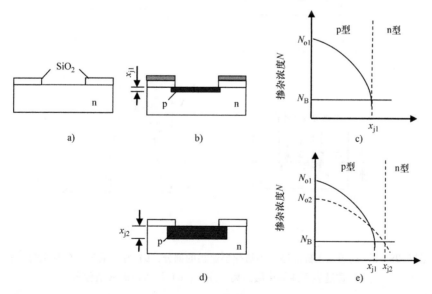

图 5.27 硅的扩散掺杂示意图：a）在硅表面沉积并图案化一层 SiO₂ 作为掩模；b）扩散形成 p 型区；c）相应的掺杂分布；d）推进（drive‑in）扩散后的 p 型区；e）推进扩散后的掺杂分布变化

5.7.2　离子注入掺杂

离子注入掺杂通过 4.4.3 节中所介绍的离子注入技术（见图 4.10c）实现。和扩散法类似，离子注入同样用于在半导体中引入掺杂剂以改变其导电性或导电类型，因此本书中将离子注入作为扩散的一种替代方法来讨论。由于离子注入的固有特性，对于控制注入掺杂剂的分布而言离子注入法优于扩散法，因此离子注入是那些需要精确控制垂直和横向掺杂分布工艺的首选方法。

在离子注入过程中，所需掺杂剂的离子（例如硼，它是硅的 p 型掺杂剂）在等离子体中产生然后从中被提取出来，并朝向要掺杂的衬底加速运动。衬底上所需的掺杂区域由掩模层（如 SiO_2，见图 5.28a）定义，随后离子撞击衬底表面并穿透近表面区域。离子与注入材料晶格中的原子发生非弹性碰撞损失能量，最终在离表面一定距离处完全静止。由于非弹性碰撞的随机性，并非所有的注入离子都停留于离表面相同距离处，因此，掺杂区域为离表面某一距离处的随机分布。

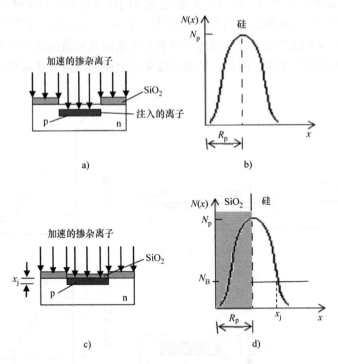

图 5.28　a）离子注入硅晶圆未被氧化层遮挡的部分；b）注入后硅里的掺杂分布；
c）透过表面薄氧化层的离子注入；d）注入后的掺杂分布

图 5.28b 给出了向未受掩模氧化物层及其他足够厚的掩模材料（如光刻胶）保护的器件中注入掺杂剂的结果。注入杂质的分布具有浓度峰 N_p 的特征，该峰位于距离表面 R_p 的距离，称之为投射区间。投射区间是关于注入能量的函数，而注入区域中掺杂剂的浓度和浓度

峰值 N_p 由注入时间和离子束流密度决定。离子束流密度用每秒穿过单位面积的离子数量表示。注入时间和束流定义了被称为注入剂量的注入参数。图 5.28a 和 b 中所示的注入掺杂剂分布的关键特征是离子注入法以可忽略的横向畸变再现了掩模材料中的图案,这使得在所有涉及纳米级几何结构的掺杂过程中,离子注入成为首选的选择性掺杂技术。

为了消除表面和注入区之间的不完全掺杂层(见图 5.28a 和 b),可以通过表面形成的氧化膜进行注入,其厚度大致对应于投射区间 R_p(见图 5.28d)。这样的话,只有一部分注入离子会到达硅衬底,还可以适当调整氧化层厚度和注入能量,从而使得浓度峰准确地定位在表面,并在所需深度 x_j 处形成 p–n 结(见图 5.28d)。注入过程完成后,被注入了掺杂离子的氧化物需要从晶圆表面完全刻蚀掉。

离子注入过程伴随着一个重要的有害影响,即高能离子对所通过紧邻表面区域的晶格结构造成的破坏。为了消除损伤、恢复晶格排列秩序以及激活注入的掺杂剂,在离子注入过程后需要使用快速热处理(RTP)工具进行低热预算退火。低热预算退火可防止发生过量的杂质重分布,正如前面讨论的推进工艺一样(见图 5.27e)。

另一个与离子注入掺杂有关的效应是通道效应,它对注入离子的分布有不利影响。当注入离子击中注入单晶晶格中原子之间开放的"通道"时就会发生这种情况。由于这类注入的离子不受晶格处原子碰撞的影响,因此它们完全静止的位置明显会比其他离子深。为了最小化沟道效应,通常将晶圆以相对于离子束的方向呈一定的角度放置。

图 5.29 为典型离子注入机构建单元的简化表示。在等离子体室中产生的掺杂离子(1)从等离子体中被提取出来,并通过质量分析器和分离器(2)从离子束中除去掺杂离子以外的离子。随后形成在其横截面上具有均匀能量分布的离子束,离子在加速管(3)中加速以达到投射区间的所需能量,从而确定注入深度。注入工具的部分(4)还包括在离子束最终撞击工艺室(5)中的晶圆之前进行扫描和遮挡的仪器。离子注入过程需在适当降低的气压下进行。

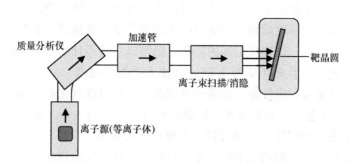

图 5.29 离子注入机各构件的结构示意图

为了满足不同的制造目标,离子注入机也有多种类型。例如,对于相对较深的注入(例如 2.8.1 节中提到的用于制造 SOI 晶圆的 SIMOX 工艺)需要使用注入能量高于 1MeV 的高能注入机。而用于在晶圆表面形成掺杂浓度高的浅结(如 MOSFET 中的源、漏区),则需要使用在低于 1keV 能量下工作的低能量、大电流、高束流的注入机。

为了概括半导体制造中的离子注入技术，需要强调以下几点：①与扩散相比，离子注入本质上是一个在真空中进行的室温过程，可实现锐利的、良好控制的掺杂浓度分布。②低热预算注入后的退火是离子注入过程的一个重要组成部分，它用于消除注入损伤和激活掺杂剂。③注入半导体材料后，注入的掺杂原子在固体中的扩散规律（掺杂再分布）与预沉积过程中的扩散规律完全相同。④离子注入技术是一种材料工程工具，还可用于半导体掺杂工艺以外的各种应用，例如对金属表面的处理操作。

5.8　接触和互连工艺

在半导体术语中，术语"接触"和"互连"用于指代将电流传入和传出器件所需的高导电材料。在集成电路中，互连的目的是在电路中的器件之间提供电连接。半导体器件制造中的接触和互连中，对材料特性的最主要要求是材料的电阻率应尽可能低。

如本书前面所述，半导体制造流程中，特别是在制造复杂集成电路等先进器件的情况下，分为前道（FEOL）工艺以及后道（BEOL）工艺两部分。在晶圆表面形成第一次金属接触的操作被认为是前道工艺的最后一个步骤，同时也是后道工艺的第一个步骤。集成电路中互连线的加工则完全属于制造流程的后道部分，它与接触形成工序的要求略有不同。

本节将讨论半导体器件和电路中接触和互连的工艺技术，包括沉积和图案化过程。作为提醒，本书 2.10 节中讨论了与接触和互连材料相关的问题。此外，3.2 节还讨论了与欧姆接触、肖特基接触特性有关的一些基本问题，这些问题在整个器件的制造方案中起着重要作用。

5.8.1　接触

任何半导体器件都不能仅基于半导体材料内部的电流或电压控制的相互作用而工作。所有的半导体器件都需要配备欧姆触点以确保电流能够不受干扰地进出器件。形成欧姆接触的材料要求电阻率尽可能低，以确保引入的串联电阻可以忽略不计。本书先前讨论的减小接触电阻的措施涉及硅化物的形成（见图 2.21）和注入接触的处理，后者中重掺杂半导体和金属之间的电荷输运由隧穿效应控制。在前一种情况下，自对准硅化物（self-aligned silicide，简称"salicide"）的工艺是硅化物技术在硅器件制造中应用的一个主要示例，它不需要图案化步骤，通常用于在 MOSFET 中形成源极、栅极和漏极接触。

除了选择具有理想功函数的低电阻率接触材料外，在沉积金属之前，半导体表面状况也对欧姆接触特性有着重要影响。这是因为除了接触材料的电阻之外，在沉积接触之前，由衬底表面的残留物自发形成的膜也是潜在的增加接触电阻的一个因素，而残留物通常是天然氧化物和有机污染物。无论是欧姆接触还是肖特基接触，材料透明还是不透明，金属和半导体之间都需要形成紧密的物理接触（见图 5.30a）。在接触材料和半导体之间的界面处如果存在超薄（通常不超过 1nm）的残留膜（见图 5.30b），就会导致接触特性的巨大畸变，具体表现为接触电阻增加及整体性能变差。

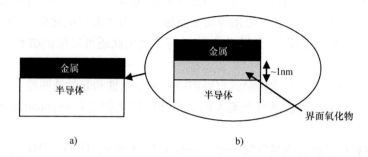

图 5.30 a) 金属和半导体的紧密接触；b) 受到自发形成的残余物/氧化物薄膜的干扰

为了尽量减少残留膜的影响，对接触面进行适当处理是接触形成过程的一个必要组成部分。最常见的，需要对晶圆处理过程中自发生长在其表面的超薄氧化物进行处理。对于硅晶圆，将它在稀释的氢氟酸溶液 [HF (1)：H_2O (100)] 中短暂浸泡，或暴露在无水氢氟酸（HF）与醇类溶剂（如乙醇）的混合蒸气中进行处理。也可紧接在金属沉积步骤之前，在真空系统中对表面氧化物进行短暂的溅射刻蚀。

器件的工作特性不同对接触材料的要求也有所不同。例如，对于大电流可能造成接触材料温度显著上升的功率器件，就需要用耐高温金属制作触点。如果器件需要与光发生相互作用，则需要采用对光透明的接触材料。

下面简要地讨论对光透明和不透明的薄膜接触形成过程（沉积和刻蚀）。如前所述，在任何一种情况都需要尽可能低的接触串联电阻以确保所需的器件性能。

非透明接触 非透明接触主要用金属 [例如铝（Al）和金（Au）]、金属合金 [例如氮化钛（TiN）]，或硅实现。通常选用 PVD 中的溅射或 CVD 的方式沉积金属，但如果对金属沉积步骤要求特别高时也可采用 5.4.4 节中介绍的原子层沉积（ALD）方式。在 PVD 技术中，热蒸发法仅适用于低熔点金属，在大规模生产半导体器件时使用相对较少；溅射沉积是 PVD 技术中的主要选择。上述关于沉积方法的考量也适用于硅化物形成过程中的金属沉积步骤（见图 2.21）。

在 PVD 或 CVD 技术都不能制备高质量薄膜的情况下，可以采用特殊的金属沉积工艺。例如常用作互连金属的铜（见本节后面的讨论），一般采用的解决方案是先溅射沉积种子层，再进行电化学沉积（见图 5.18）。

薄膜金属的沉积只是接触金属化过程中的第一步。另一个步骤是用于形成图形的刻蚀工艺，然而对于某些金属这可能是一个难题。半导体技术中最常见的金属铝很容易被磷酸（H_3PO_4）、硝酸（HNO_3）和水的混合物在液相中腐蚀。另一方面，金只能被王水刻蚀，王水是盐酸和硝酸按 3:1 配制的混合物，具有极高的化学反应性，与半导体工艺基础设施不兼容。因此，金触点（如用于某些 Ⅲ - Ⅴ 族化合物半导体）需要使用 5.1.3 节中讨论的剥离工艺进行图案化。

无论铜的干法刻蚀还是湿法刻蚀都很难保证对刻蚀过程的良好控制，也很难保证产生锐利的纳米级图案。因此铜用作互连线时，一般采用不需要刻蚀的方式定义铜线的几何形状（见5.8.3节中的大马士革工艺）。对于其他感兴趣的金属，例如一些难熔金属钽（Ta）、钼（Mo）虽然不能采用湿法刻蚀，但可用等离子刻蚀或使用气态四氟化碳（CF₄）的RIE。钨（W）也可以用上述气体的RIE，但除此之外，钨、氮化钛还可以用硝酸和氢氟酸的混合液在液相中刻蚀。

透明接触 顾名思义，透明接触的材料需要具有导电性和光学透明性。它们常用作发光器件的背面触点。通常，它们隶属于庞大的透明导电氧化物（Transparent Conductive Oxide，TCO）家族。

这类导电材料的最佳代表是氧化铟锡（Indium Tin Oxide，ITO）。ITO主要通过使用高纯度ITO靶材以PVD溅射的方式进行沉积。就ITO的刻蚀而言，盐酸（HCl）的水溶液中添加少量硝酸是首选的刻蚀化学品。

5.8.2　互连

顾名思义，互连的目的是将晶体管等单个器件互相连接到同一个半导体芯片中以形成电子电路。互连线是具有适当图案的薄膜导体，最常见的是金属，在特定的应用中也可以用超导体作为互连线。还有一种不同的互连方案使用光和波导（而不是电流和金属互连线）来传导电路中的信号。本文后续主要讨论金属互连线，它是主流互连线技术的代表。

在具有松散几何结构的电路采用的单层互连方案中，通常使用铝作为互连金属。铝互连可以很容易地采用与形成上述接触相同的沉积和刻蚀方法来处理。

而对于更复杂、密度更高的集成电路而言，情况就不同了。铝的局限性（例如电迁移）会对这样的电路产生不利影响，因此铜被广泛用作互连金属。此外，正如本书3.5节中所讨论的那样，由于高密度集成电路中互连线的缩小受到限制，因此需要实施多层金属化方案。

多层金属化 3.5节中解释了为什么在高密度集成电路中需要使用多层金属化方案（见图3.23）而不是单层互连系统的原因。本节概述了形成这种多层结构所采用的一些方法。

为了便于解释与多层金属化技术有关的重要概念，图5.31简要地给出了先进集成电路中多层金属化系统的三个关键单元，包括金属线、层间电介质（ILD）和通孔（也称为栓塞）。为了简单起见，图5.31仅描绘了两个金属层，而在实际的高密度集成电路中，金属层的层数通常会达到10层以上。这意味着多层金属化方案代表了一个复杂的材料系统，其中包括具有明显不同特性的材料，并且应该在升高的温度和高密度电流流过它的情况下仍能发挥其功能。

多层金属化系统的加工是集成电路制造流程中后道部分的核心，它对材料性能和工艺有着严格的要求。对于材料而言，用于形成互连线的金属为关键因素。如本书前文所述（见2.10节），在多层金属化系统中铜（Cu）被选为互连线材料，这是因为铜具有很高的导电性，且相对于其他高电导率金属（尤其是铝）更不易受到电迁移效应的影响。

形成薄膜的温度是铜沉积工艺的主要考虑因素，即沉积温度需要尽可能得低以防止复杂的多层金属化方案发生任何变化。电化学沉积是铜常用的低温沉积技术，如图5.18所示，当与多级金属化方案（见图 5.31）中的电介质结合使用时，需要先通过溅射沉积薄膜铜种子层。或者可使用含铜的复杂金属有机物前驱体来进行金属有机物化学气相沉积（MOCVD），而 MOCVD 主要用于 5.9 节中讨论的硅通孔（TSV）工艺。在 TSV 中使用 MOCVD 的原因是 MOCVD 可在低至 200~300℃ 的温度下进行铜的沉积。

钨（W）是多层金属化工艺中使用的另一种金属，它通常用于构成图 5.31 所示的通孔（栓塞）。在这种应用中，钨的沉积是通过 CVD 来实现的，氟化钨（WF_6）用作钨的气体源。通过低压 CVD、合理选择反应物以及等离子体增强技术，钨的沉积温度可以降低到 500℃ 以下。

层间电介质（ILD） 互连技术中的另一挑战是用作 ILD 的材料选择和低 k 电介质的加工（见图 5.31）。如前所述（2.9.3 节），在用作 ILD 的材料中加入使 k 值降低的孔隙是先进集成电路制造中的常见做法。而在 ILD 的沉积中，对于气态前驱体而言，低温 CVD 几乎是唯一的方法；对于高黏度液态反应物，则主要使用旋涂工艺，即液相物理沉积（LPD）进行。但无论采用何种沉积方法，为了降低薄膜介电常数 k 而在其中加入孔隙都是一个重要的目标。

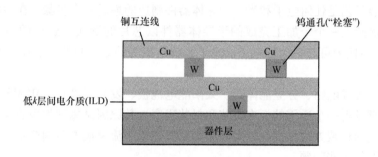

图 5.31　多层/多材料集成电路互连系统

5.8.3　大马士革工艺（镶嵌工艺）

大马士革工艺是最能够满足多层互连要求的工艺，它将图案化、沉积和化学机械抛光（CMP）步骤集成到一个工艺中。该工艺通过 CMP（原理见图 4.12）将互连金属线镶嵌在电介质中（而不是通过光刻和刻蚀）。如图 5.32 所示，在大马士革工艺中，首先在低 k 电介质层中进行光刻并形成互连图案（见图 5.32a），然后沉积金属以填充形成的沟槽（见图 5.32b），最后一步使用 CMP 去除多余的金属（见图 5.32c）。

图 5.32 所示的双大马士革工艺是对传统大马士革工艺的改进，通常用于集成电路制造。在双大马士革工艺中，经过两个层间介质图案化步骤和一个 CMP 步骤就可形成一个图案，而常规大马士革工艺需要经过两个图案化步骤和两个 CMP 步骤才能形成一个图案。

正如 5.3.2 节所指出，被称为擦洗的清洗工艺是任何 CMP 流程（如大马士革工艺中涉及的工序）以及下节介绍的晶圆减薄操作的固有部分。由于表面上残留的抛光液会严重污染晶圆，因此 CMP 后的清洗操作需要使用软刷进行擦洗或用高强度的兆声清洗来促进化学清洗反应。

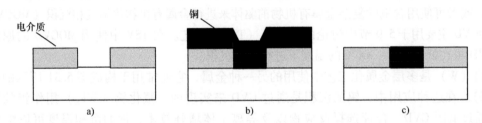

图 5.32   大马士革工艺示意图：a）图形化后的电介质；b）铜的沉积；c）抛光以去除多余铜

5.9   组装和封装工艺

5.9.1   概述

　　组装和封装工艺是任何电子和光子半导体器件制造的最后一个步骤。在后续讨论中，将考虑将半导体晶圆上一个个加工完成的半导体器件以芯片的形式（这样的芯片在每个晶圆上都有许多），转换为可与更大的电子或光子系统连接的独立、封装好和密封好的器件的操作（见图 5.33）。

　　无论是对于集成电路、分立晶体管、太阳能电池板、发光二极管、MEMS 器件还是其他类型的器件，都没有一个通用的标准组装和封装程序。其原因是每种类型的半导体器件都需要适合于其功能的封装方式。因此，本节仅简要概述了主流集成电路制造中所采用的组装和封装程序中涉及的一些问题。

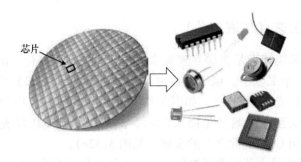

图 5.33   从包含数百个加工好的独立的器件/芯片的成品晶圆到封装后的器件

5.9.2   封装工艺

　　图 5.34 试图以简化的方式总结和说明集成电路组装和封装所涉及的关键步骤，从包含功能齐全的芯片（管芯）的成品晶圆开始（见图 5.34a）。第一步是对晶圆上每个芯片的功能和参数特性进行全自动的电气测量（见图 5.34b），并找出和标记不符合所需规格的芯片。

同时，测试结果确定了一个称为"制造良率"的数字，它代表了符合性能规范的芯片所占的百分比。较低的制造良率清楚地表明制造工艺的性能不足，需要采取适当的补救措施。

第二步是切割，它根据晶圆的厚度，使用细金刚石刀片切割或划线。晶圆被切割成一个个单独的芯片（见图 5.34c），先前标记为有故障的芯片则被丢弃。测试正常的芯片将进入随后的封装过程，图 5.34d 所示的是一种称为引脚网格阵列（Pin Grid Array，PGA）的封装，它通常用于封装先进集成电路。最后一步工序将芯片封装并永久密封在封装外壳中（见图 5.34f）。

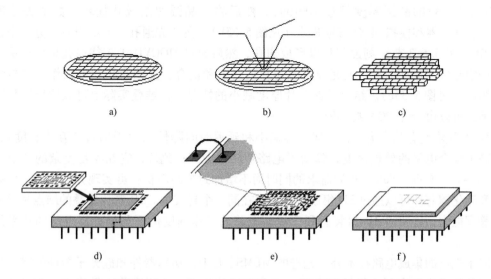

图 5.34　集成电路的封装与组装：a）成品晶圆；b）封装前测试；c）切片（将晶圆切割为一个个独立的芯片）；d）安装在封装体中；e）引线键合；f）密封封装

5.9.3　半导体封装技术概况

封装是半导体器件与外界之间不可缺少的纽带。如果封装技术止步不前，那么器件制造技术的发展对器件性能而言就毫无意义。事实上，半导体器件封装技术也随着器件制造技术不断发展，以适应对本书第 3 章中所讨论的各种类型器件的新兴需求。

图 5.35 中所示的集成电路封装技术演变是一个很好的例子。它可以在每个封装中封装更多的芯片从而增加晶体管的数量，是集成电路功能和所需晶体管不断增加的一种解决方案。有两种方法可提高晶体管密度，一种是缩小晶体管的几何结构；另一种是增加芯片、封装的面积。上述两种都不是理想的方法，因为前者增加了互连线的长度，导致互连延迟的增加；而后者由于增加了封装的尺寸，所以难以将复杂的电子系统集成在智能手机这类体积相对较小的设备中。

3D 芯片堆叠封装是应对这些挑战的解决方案，它通过硅通孔（Through Silicon Vias，TSV）技术实现多个芯片的互连（见图 5.35）。TSV 技术需要使用 CMP 技术将晶圆减薄到大

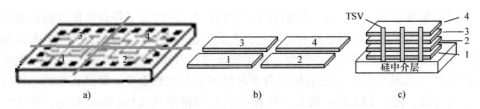

图 5.35   3D 封装概念的示意图：a）成品芯片；b）减薄并根据功能分割成芯片块；
c）堆叠并使用硅通孔（TSV）技术互连

约 70μm（一般的晶圆厚度超过 700μm），然后将大晶圆切割成功能块，如中央处理器（CPU）、存储器和模拟/混合信号芯片（见图 5.35b）。在"先通孔"（via first）方法中，使用 DRIE（见 5.6.3 节）刻蚀芯片以形成通孔，然后通过 MOCVD 工艺往通孔里填充铜。一旦在硅中介层（interposer）上完成堆叠芯片的对齐和键合，这些通孔就可以作为与封装的电气接口（见图 5.35c）。结果是在芯片厚度减小的情况下，堆叠实际上可以比传统晶圆更薄，因此可以由传统 PGA 封装容纳。

3D 芯片堆叠有几个优点：互连电容减小和延迟时间降低（由于缩短了互连长度），从而提高了整个电路的处理速度，降低了电路功耗和噪声；此外，它在满足复杂的片上系统（System – on – Chip，SoC）布局需求的同时而不增加封装的面积；可实现异质集成，例如硅芯片和砷化镓芯片可以通过 3D 集成技术集成在同一个封装中。3D 芯片堆叠的缺点是没有改进热管理能力，这使得 3D 封装有利于提高电路的工作速度但不利于提高电路的功率处理能力。

除了先进的集成电路技术外，先进的 MEMS、LED、功率器件和硅光子器件的需求都要求在封装技术方面有创新的解决方案。就 MEMS 器件而言，标准化、低成本、小封装的趋势仍在持续。在这个过程中，基于 TSV 的封装技术是传统的引线键合封装技术的有力对手。

也有一系列与太阳能电池的封装有关的挑战。与其他类型的半导体器件不同，太阳能电池所需的封装较为特殊。太阳能电池的工作环境较为恶劣，包括日光暴晒，昼夜温差以及雨水和湿气，所有这些环境因素都对太阳能电池的寿命有着重大的不利影响。尤其是一种称为前膜（front sheet）的封装部分特别重要，不管环境如何，前膜都能对阳光保持透明而不反光。总而言之，包括太阳能电池制造在内的整个半导体制造业中，封装成本占整个制造业成本的很大一部分，而太阳能电池尤其如此。

还需要指出对于功率器件的封装设计和所用材料的特殊要求。碳化硅（SiC）肖特基二极管器件工作时温度可以达到超过 400℃。在这种条件下，主要关注的问题是有关散热方面的特殊需求。

在本节讨论的最后，需要强调封装在半导体器件技术中的重要性。虽然封装不直接涉及半导体材料，但封装提供了与外界的联系，没有这种联系，任何具有突出特性的半导体材料就无法用于实际的器件应用。

关键词

英文	中文名称	英文	中文名称
2D（two-dimensional）printing	2D 印刷	etching process	刻蚀工艺
3D（three-dimensional）printing	3D 打印	evaporation	蒸发
additive manufacturing	增材制造	excimer laser	准分子激光
additive processes	增材工艺	front-end-of-the line（FEOL）	前道
anisotropic etching	各向异性刻蚀	full-field exposure	全域曝光
Atmospheric Pressure CVD（APCVD）	常压化学气相沉积	heterogeneous integration	异质集成
Atomic Layer Deposition（ALD）	原子层沉积	High-Pressure Oxidation（HIPOX）	高压氧化
back-end-of-the-line（BEOL）	后道	hydrogen termination	氢终止
batch processing	批量工艺	hydrophilic surface	亲水表面
blanket deposition	均厚沉积	hydrophobic surface	疏水表面
chemical etching	化学刻蚀	immersion lithography	浸没式光刻
chemical interface	化学界面	Inductively Coupled Plasma（ICP）	电感耦合等离子体
Chemical Vapor Deposition（CVD）	化学气相沉积	interlevel dielectric	层间电介质
Chemical-Mechanical Planarization（CMP）	化学机械抛光/平坦化	ion beam sputtering	离子束溅射
		ion implantation	离子注入
computational lithography	计算光刻	ion milling	离子铣削
conformal coating	保形覆盖	isotropic etching	各向同性刻蚀
contact printing	接触式光刻	lateral diffusion	横向扩散
critical dimension（CD）	关键尺寸	lift-off process	剥离工艺
cryogenic cleaning	低温清洗	Low Pressure CVD, LPCVD	低压化学气相沉积
damascene process	大马士革工艺/镶嵌工艺	magnetron sputtering	磁控溅射
		masked lithography	掩模光刻
Deep Reactive Ion Etching（DRIE）	深反应离子刻蚀	mask alignment	掩模对齐
diffusion-controlled process	扩散控制过程	mechanical mask	机械掩模
direct write lithography	直写光刻	megasonic agitation	兆声清洗
dopant, doping	掺杂剂，掺杂	metalorganic compound	金属有机化合物
dry process	干法工艺	Metalorganic CVD, MOCVD	金属有机物化学气相沉积
e-beam evaporation	电子束蒸发		
e-beam lithography	电子束光刻	minimum feature size	最小特征尺寸
electrodeposition	电沉积	mist deposition	喷雾沉积
electromigration	电迁移	molecular beam	分子束

（续）

英文	中文名称	英文	中文名称
Molecular Beam Epitaxy （MBE）	分子束外延	Self – Assembled Monolayer （SAM）	自组装单分子膜
multiple printing	多次曝光		
non – optical lithographies	非光学光刻	shadow mask	阴影掩模
nonselective etching	非选择性刻蚀	soft – lithography	软光刻
pattern transfer layer	图案转移层	spin coating	旋涂
photolithography	光刻	sputter deposition	溅射沉积
physical etching	物理刻蚀	sputter etching	溅射刻蚀
physical/chemical etching	物理/化学刻蚀	step – and – repeat exposure	分步重复曝光
Pin Grid Array （PGA）	引脚网格阵列	structural interface	结构界面
		subtractive processes	减材工艺
		supercritical cleaning	超临界清洗
Plasma Enhanced CVD （PECVD）	等离子体增强化学气相沉积	supercritical fluid （SCF）	超临界流体
		surface cleaning	表面清洗
plasma enhancement	等离子体增强	surface conditioning	表面改性
plasma etching	等离子刻蚀	surface energy	表面能
preferential etching	优先腐蚀	surface functionalization	表面功能化
proximity effect	邻近效应	surface tension	表面张力
proximity printing	接近式光刻	surface termination	表面键饱和
Rapid Thermal Oxidation （RTO）	快速热氧化	thermal decomposition	热分解
Reactive Ion Etching （RIE）	反应离子刻蚀	thermal evaporation	热蒸发
reactive sputtering	反应溅射	thermal oxidation	热氧化
remote plasma	远程等离子体	Through – Silicon Via （TSV）	硅通孔
resolution enhancing technique	分辨率增强技术	top – down process	自上而下工艺
selective doping	选择性掺杂	vapor – phase etching	蒸气刻蚀
selective etching	选择性刻蚀	wet process	湿法工艺

第6章

半导体材料与工艺表征

章节概述

用于功能性器件制造的材料状况与器件性能之间存在着很强的相关性。因此，在半导体材料的研究、开发过程中，了解并控制所加工材料的物理、化学特性与半导体器件的商业化生产同等重要。因此，半导体材料和器件的表征是任何半导体工程中不可分割的一部分。

本章讨论了有关半导体表征方式的选择问题，由于半导体表征涉及多个领域的科学技术，因此本章仅简要地介绍了半导体的各种表征方式，并着重介绍了半导体技术中材料和工艺表征的目的，区分用于研究和工艺开发的材料表征以及用于工艺监测和诊断的测量。随后本章介绍用于半导体表征的测量技术类型，并且简要描述每一类具有代表性的方法。为了获得关于半导体材料状况的完整的定性和定量信息，在表征过程中需要使用不同种类的方法。本章最后举例说明了如何使用各种表征技术来解决半导体器件工程中遇到的特定挑战。

最后，需要强调的是，本章仅讨论与材料相关的影响，并不包括所制造半导体器件的功能和参数测试。后面那些主题与本书中未涵盖的半导体工程的那些方面有关。

6.1　目的

前面提到过，半导体器件的工作依赖于外部激励（电流、电压、光、温度等）和半导体材料之间复杂的物理相互作用。因此，为了确保器件的可预测性、可控性和可再现性，就需要了解用于制造器件的材料的特性，即根据其固有特性以及本书第 5 章中讨论的工艺造成的潜在影响来了解。因此，材料表征的科学与工程在半导体器件技术中发挥着重要作用。

材料研究　在任何工程中都是显而易见的必要条件。它基于对所选材料特性的基础研究结果，这些特性决定了各种半导体材料在各种器件应用中的适用性。表 2.3 总结了有关半导体物理特性对器件的影响。不言而喻，只有在半导体材料的特性众所周知的情况下，本表中所确定的相关性才有用。

半导体器件工程中，人们关于材料元素的研究远远超出了半导体材料本身。正如本书第 3 章中所讨论的，如果没有绝缘体和导体（主要是金属），那么就不可能制造出功能性半导体器件。因此，半导体工程中，材料的研究范围基本上涵盖了所有固体类型而不管它们的导电类型为何。

工艺开发　相关的材料表征技术是上述材料研究在器件制造领域的延伸。开发出将半导体原材料加工成功能器件的一系列操作的流程涉及使用本书第4章中所讨论的工具和第5章中考虑的方法对半导体性质进行操作控制。任何操作步骤对所加工材料的性质造成的影响都需要了解。因此，材料表征技术是所有工艺开发工作的核心。

如上所述，与材料研究和工艺开发相关的半导体表征可以看作是半导体器件商业制造的预备步骤。在下面要考虑的是在半导体器件和电路制造过程中要用到的与工艺监控和工艺诊断相关的材料表征。

工艺监控 工艺监控是半导体器件和电路制造过程中不可缺少的一部分。半导体晶圆制造工艺中的每一个阶段的加工状况对工艺结果来说都是至关重要的。因此，必须对半导体制造工艺进行彻底的监控。

工艺监控的目的在于发生工艺失效时能立即检测出可能的工艺失效。否则，随着加工的晶圆尺寸越来越大和价格越来越昂贵，制造工艺成本不停增加，每个晶圆上执行的工艺步骤数目不停增长，任何类型的工艺失效都可能造成惊人的损失。

工艺监控通常在指定的测试晶圆上以预定的时间间隔进行，并严格遵循既定的程序。如图 6.1a 所示的离线工艺监控，测试晶圆在专门的实验室进行测试，也就是不会返回生产批次，所以这种监控模式不能实时检测。因此需要用在线工艺监控来补充，在线工艺监控涉及正在处理的晶圆和进行晶圆处理的环境（见图6.1b）。在线工艺监控是一种实时、现场的工艺监控，它在每个产品晶圆上，而不是在指定的测试晶圆上进行，这意味着所采用的监控方式不应对产品造成影响。一般来说，在线实时工艺监控对单晶圆工艺的兼容性高于对批处理工艺的兼容性。

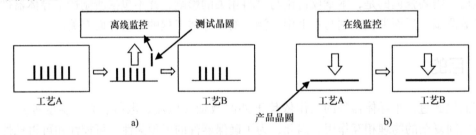

图 6.1 a) 对专门的测试晶圆的离线工艺监控；b) 对产品晶圆的在线工艺监控

将反射高能电子衍射（Reflection High-Energy Electron Diffraction，RHEED）仪器与 MBE 工具相结合就是在线工艺监控的一个例子，它可以监测晶圆上的外延生长（见图 5.14）。另一方面，使用残余气体分析仪（Residual Gas Analyzer，RGA）监测真空系统中气体环境的成分（见图4.5）是不涉及晶圆的工艺监测的另一个例子。工艺监控的另一类例子是安装在 PVD 工具中的原位膜厚测量仪（见图5.12）。膜厚测量仪通常是一个石英晶体谐振器。晶体谐振器安装在沉积室内，改变振荡器的谐振频率可使膜厚测量仪对材料沉积作出响应，经校准后便可以获得关于沉积速率和薄膜厚度的信息。

需要注意的是，6.2节中所讨论的半导体表征方法并不是都能适应此处定义的工艺监控的特定需求。只有那些能够实时执行监控功能且不以任何方式影响晶圆及工艺环境的设备才能用于工艺监控。

工艺诊断 任何通过工艺监控发现的工艺失效都需要进行诊断，以便能够很好地找到其原因并消除故障。工艺诊断也可用来优化制造过程的条件。工艺诊断通常在专用的材料表征实验室进行，利用所有可行的材料表征方法寻找工艺失效的原因。

6.2 方法

本节以物理/化学、光学和电学技术将半导体材料和工艺表征方法分类加以讨论。在每一类中都有各种各样的半导体表征方法，根据本书的目的，有几种方法将不在本书中讨论。因此，本节只讨论少数同类中具有代表性的表征方法。本节的讨论中所列的大多数方法（如果不是全部的话）应该都可以在参与高端半导体研发的主要研究型大学和公司的研究工具库中找到。

物理/化学方法 这一类的部分技术基于光谱学原理而工作。光谱学原理依赖于固体与短波电磁辐射（例如 X 射线）或电子、离子等粒子相互作用而产生的光谱。为了保证这种性质的相互作用不受干扰，这一类中大多数方法都需要在真空环境下进行。

在半导体表征方面，使用 X 射线激发的一个典型例子是 X 射线光电子能谱（X – Ray Photoelectron Spectroscopy，XPS），通常被用于识别固体表面的原子和分子种类，如氧、碳或氟（但识别不了氢元素）。而全反射 X 射线荧光（Total Reflection X – Ray Fluorescence，TXRF）是一种用于识别 X 射线辐照的固体表面金属性污染物的技术。由于以掠入射角照射表面的 X 射线对近表面区域的穿透可以忽略不计，因此该方法才能仅限于收集 X 射线对表面的响应。X 射线光谱的另一个重要代表方法是半导体工程中常用的 X 射线衍射（X – Ray Diffraction，XRD），它可用于确定材料的晶体结构。

半导体表征中另一类常用的物理/化学方法利用被测材料中喷射出的离子或发射出的电子来揭示材料的化学成分。对于前者离子束的情况（通常是 Ar^+ 离子束），先用离子束轰击所研究材料的表面引起材料离子的喷溅，随后喷溅的离子被质谱仪捕获并确定其质量，然后根据已经建立的规范确定离子的种类（见图 6.2a）。对于电子的情况，这类方法利用电子能量分析仪［通常采用柱面镜分析仪（Cylindrical Mirror Analyzer，CMA）的形式］确定在 X 射线影响下从固体中发射的电子能量，并基于此确定发射电子的原子（见图 6.2b）。

最常见基于质谱（见图 6.2a）的半导体表征方法是二次离子质谱（Secondary Ion Mass Spectroscopy，SIMS）法。由于 SIMS 的表征过程涉及高离子束流溅射，因此表征的深度分辨率有限，且会对被分析材料造成损伤。此外，它也摧毁了暴露在外表面上的一些分子，特别是有机分子。减少表面损伤且对表面敏感的一个替代方案是飞行时间二次离子质谱（Time – of – Flight SIMS，TOF – SIMS）法，也称为静态 SIMS 法，由于 TOF – SIMS 法使用了比传统 SIMS 法更低的离子束流，因此 TOF – SIMS 法不仅减少了表面损伤，还提高了 SIMS 法的深度分辨率。

俄歇电子能谱（Auger Electron Spectroscopy，AES）是半导体中常用的一项表征技术，用来确定材料的化学成分。AES 的过程如图 6.2b 所示。它使用 X 射线或电子束来激发原子的两阶段电离过程，即所谓的俄歇效应。原子发射出的二次电子（也称次级电子）称为俄歇电子，其能谱可用来确定发射它的原子种类及其所处环境的一些信息。

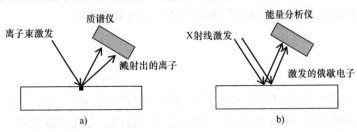

图 6.2　a）离子束轰击表面引起离子喷溅，并通过质谱仪对其进行分析；b）固体吸收 X 射线
能量并激发二次（俄歇）电子，其能量通过柱面镜分析仪确定

上述 XPS、SIMS 和 AES 具有一个共同优点，即除了对材料的表面/近表面进行成分分析外，还可以使用被称为"深度剖析"的方法来获得所选原子的深度分布（见图 6.3）。它包括材料的逐层离子溅射和表面分析，例如在对顶层进行连续溅射刻蚀的同时，按预定的时间间隔进行俄歇电子能谱分析（见图 6.3a）。对于氧化硅的深度剖析（见图 6.3b），产生如图 6.3c 所示的结果。

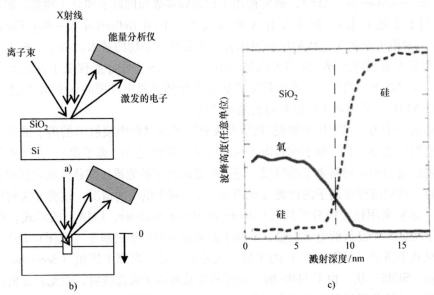

图 6.3　对氧化硅进行深度剖析的原理图，其中 a）俄歇电子能谱与逐层离子溅射相结合；b）逐层去除
氧化物和硅后进行俄歇电子能谱分析；c）所得到的剖面显示了在 $SiO_2 - Si$ 样品中氧和硅的分布

另一组独立的利用电子刺激来对半导体材料和器件进行表征的方法中包含电子显微学的方法。在这类方法中，最常见的是扫描电子显微镜（Scanning Electron Microscopy，SEM），它可以对晶圆表面非常精细的特征（包括在器件制造过程中产生的图案）进行 3D 可视化。

电子显微学的另一个种类是透射电子显微镜（Transmission Electron Microscopy，TEM），它用于研究多层材料结构。经过繁琐的样品制备过程后，TEM 可以在原子水平上分辨多层结构中的各种材料。例如，使用 TEM，可以确定 MOS 栅堆中单个纳米厚的高 k 介质膜的厚度。

在利用电子束的材料表征方法中，电子衍射技术自成一系。它们在性质上与前面提到的 X 射线衍射技术相似，只是电子在固体中的穿透距离比 X 射线短，因此这类表征方法在确定几何上受限的 2D 晶体的晶格特征方面更有成效。例如，在监测超薄外延薄膜的生长时，电子衍射技术是首选方法，如图 5.14 中使用了反射高能电子衍射（Reflection – Energy Electron Diffraction，RHEED）。具体在低能电子衍射（Low – Energy Electron Diffraction，LEED）、高能电子衍射（High – Energy Electron Diffraction，HEED）和 RHEED 中如何选择需要根据实际应用来确定。

除上述方法外，还有一类重要的半导体表征物理/化学方法，这些方法不属于光谱技术范畴，而是基于物理或化学现象。其中原子力显微镜（Atomic Force Microscopy，AFM）是材料研究实验室中广泛使用的一种工具，它是测量和显示原子尺度表面粗糙度的首选方法。在半导体表征中，扫描隧穿显微镜（Scanning Tunneling Microscopy，STM）是另一种用于原子级表面成像的工具。轮廓测量法是另一种提供关于表面形貌精确信息的方法。它通常用于测量光密薄膜材料的厚度，例如由于不透明而无法使用椭偏仪测量的金属（见下文）。

浸润（接触）角测量是一种简单的材料表征技术，但能够即时提供有关固体表面覆盖/终止的相关信息。在实验室环境中使用简单的仪器进行浸润角的测量，很容易区分出具有不同表面能的表面，包括亲水性（浸润角 0°）和疏水性（浸润角 90°）表面之间的差异。即便用肉眼，也可以观察到水在表面上的行为大相径庭，前一种情况下水是浸润表面的，而后一种情况下水在表面上滚动。

光学方法　半导体工程中使用的另一类材料表征方法是光学方法，因为它们使用光学波长的光（从紫外光、可见光到红外光）与固体发生相互作用。光学测量的重要优点是无损和非侵入性，这意味着这类方法不会对被测材料造成破坏。

除了光学显微镜是观察样品细微特征最明显的方法外，在半导体研究和工程中，椭圆偏振是一种广泛用于研究透明薄膜材料的技术。椭圆偏振最初是为了研究材料的介电性质而提出的，可以用来测量材料的折射率。在日常的半导体工程应用中，椭圆偏振仪用来测量薄膜电介质的厚度。如图 6.4 所示，椭圆偏振仪是检测短波长光从空气 – 被测材料的界面和被测材料 – 衬底界面反射后的偏振变化。然后通过与材料系统模型进行比较，从而确定薄膜的包括其厚度在内的特性。

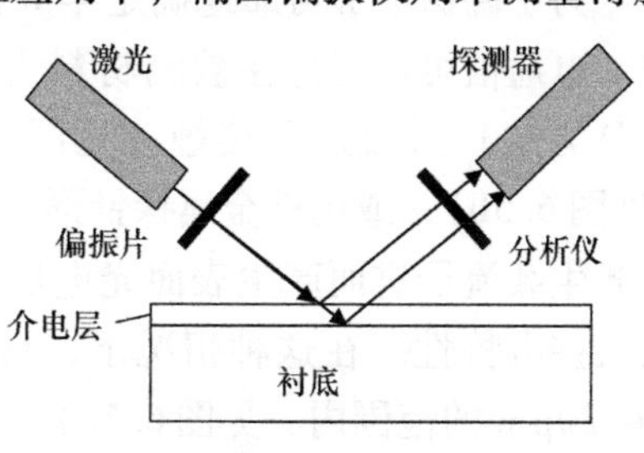

光谱椭圆偏振仪是一种更先进的椭圆偏振仪，它利用入射光的各个波长可以对复杂的多层结构进行表征。

图 6.4　椭圆偏振仪工作过程示意图

红外（IR）光谱法是通常用于材料研究和材料工程的一种方法，但它也可以在半导体表征中使用。虽然上面所列出的表征方法依赖于短波紫外线、X 射线辐射、离子束、电子束，但红外光谱法使用长波红外光与物质发生相互作用，从而揭示有关其性质的信息。它们之间相互作用的类型可能涉及红外光的吸收、发射或反射，但不管所研究的物质是固体、液体还是气体，每种相互作用都传递有关化学键性质的信息。通过在宽红外吸收光谱上识别化学键来提供高分辨率数据的各种红外光谱称为傅立叶变换红外光谱（Fourier Transform Infrared Spectroscopy，FTIR）。

红外光的其他用法还包括热成像和高温测量法。前者可根据发射红外光的物体温度生成图像；后者用于远程测量被加热物体的温度，通常用于半导体加热工具，如快速热处理器（见图 4.7 中的温度控制）中，用于被处理晶圆温度的非接触式监测。

干涉测量也是一种常用的材料光学表征技术，它利用来自同一光源的短波长光束叠加产生的干涉效应。在半导体工艺监控应用中，激光干涉测量能够检测被辐照材料的折射率变化，可用于干法刻蚀操作的终点检测（见 5.6.3 节）。激光干涉仪安装在刻蚀工具中，以监控薄膜材料刻蚀的完成，从而有助于确保刻蚀过程的选择性。不同于激光干涉法的另一种终点检测方法是光学发射光谱（Optical Emission Spectroscopy，OES）法。这项技术检测的是刻蚀过程中等离子体所发出光波长的变化。当刻蚀材料被完全去除且开始刻蚀底层材料时，由于刻蚀工具内气体环境成分发生变化，所以等离子体所发射的光波长会发生偏移而被检测。

而光学方法应用于半导体工艺监控的另一个例子是粒子计数。如 4.5 节所述，特别是对于具有非常小的尺寸的器件，吸附在所加工材料表面上的粒子是造成半导体工艺失效的主要因素。在粒子计数器中，照在晶圆表面上的光被晶圆表面的粒子所散射，产生的光点被仪器检测和计数。先进的粒子计数器可以检测纳米范围内的粒子并确定其大小。对于洁净室空气中的悬浮粒子以及去离子水和化学品中的颗粒物的检测和测量，则需要采用一些不同的方法。

电学方法   不同于上述半导体的物理/化学和光学表征技术，电学方法可以揭示材料的相关性质，而这些性质是器件性能的直接预测因素。例如，虽然半导体中电子迁移率降低的原因可能不会即刻知晓，毕竟电导率降低可能是由于结构缺陷、污染或其他原因造成的，但是较低的电子迁移率会对器件性能造成不利影响是确定无疑的。因此，可以提供直接定量信息的半导体材料的电学表征在半导体器件工程中起着特殊的作用。

为了确保能够可靠地确定半导体的电参数，首先需要在材料和测量电路之间建立电通信。电通信可以通过在被测材料上形成欧姆接触来实现，可以通过沉积金属（例如通过 PVD 方法）形成永久接触（见图 6.5a），或用钨等硬质金属制成的探针形成临时点接触（见图 6.5b），或用软金属探针形成更大面积的临时接触。除此以外，也可以使用由光照产生光生载流子进而产生表面光电压（Surface PhotoVoltage，SPV）的非接触方法获得半导体的某些电特性。在这种情况下，材料特性的感知是通过电容耦合的方法在非常薄的气隙（在 $20\mu m$ 的范围内，见图 6.5c）两边测量由位移电流决定的 SPV 信号，这个 SPV 信号反映了被照射表面和近表面区域的情况。SPV 检测方法是非侵入性的，这意味着它不会改变被测表面的状态，因此这种方法可以应用于晶圆加工中的在线工艺监控（见图 6.1b）。

下面进一步讨论的是与被测试表面有接触的电学测试方法（见图 6.5a 和 b），在讨论

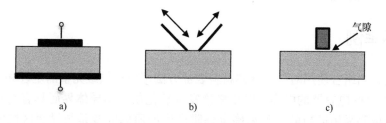

图 6.5 a）永久接触；b）临时接触；c）无接触

前，需要再一次强调表面和近表面区域的电特性与衬底晶圆之间的电特性是有区别的。前者的一个例子是用四探针法测量硅片的电阻率（掺杂过程改变了硅片电阻率）。除了少数例外，半导体电特性的测量都是为了强调表面和近表面区域的特性而设计的。2.2 节讨论了薄膜、表面和界面在定义先进半导体器件（包括 MOSFET 和 CMOS 单元）性能中的主导作用（见 3.4.3 节~3.4.6 节）。因此，本节关于半导体材料和工艺的电学表征方法集中在以薄膜、表面和近表面区域为目标的测量。由于这些测量的结果也是对定义大多数非 MOSFET 半导体器件性能的材料特性的良好试金石，因此 MOS 电容器是半导体表征中很常见的测试结构。通过这些测量获得的电参数往往反映了晶圆方方面面的特性，因此可以提供关于广泛表面特性的信息。

如上所述，许多影响 MOSFET 性能的半导体电特性可使用 MOS 电容器进行测量（见 3.3.2 节）。这样就可以避免为了材料表征或工艺诊断而加工整个晶体管。图 6.6 明确了可使用 MOS 电容器进行测量的类型，并列出了可从此类测量中获得的材料系统的物理特性。除了图 6.6 中列出的电容（C）和电流（I）测量之外，还可以测量作为信号频率函数的电导从而获得有关表面和界面特性的更详细信息。

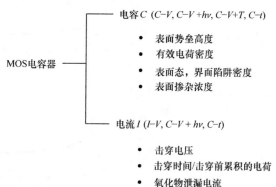

图 6.6 使用 MOS 电容器可以进行的材料及工艺特性表征

总的来说，在半导体工程中，利用半导体的电特性进行表征的方法已经非常成熟，并且在大量的表征应用中起着关键作用。多年来，人们改良了许多电特性表征方法和操作以满足纳米级器件的几何形状、超薄薄膜和 3D 器件特征的需要。但是半导体材料电特性表征的基本原理并没有发生改变。

6.3 应用举例

如前所述，当组合使用时，半导体材料表征方法可以提供最完整的定性和定量信息。例如，如果通过 MOS 电容器的电容－电压测量发现氧化物－半导体界面具有高密度的界面陷阱，那么后续就要采用适当的步骤来确定陷阱产生的原因究竟是与界面区域的化学成分有关，还是与半导体表面的结构缺陷有关，或者与两者都有关系。第一个问题可以通过，比如使用俄歇光谱仪（见图 6.3）对氧化物－半导体结构进行仔细的深度剖析来回答。要回答第二个问题，则可以用湿法完全刻蚀掉氧化物，然后用原子力显微镜（AFM）来分析表面的粗糙度。

另一个使用 6.2 节中方法的例子展现了分析结果和电特性之间的直接相关性。在器件形成欧姆接触特性时，残留氧化物对接触性能有负面影响，因此形成接触时的主要问题是控制金属和半导体之间残留的界面氧化物（见图 5.30b）。以金属与硅形成的接触为例，图 6.7a 定性地显示了当在金属沉积之前使用 HF（1）：H_2O（100）的溶液刻蚀残留氧化物时，接触的电流－电压（$I-V$）特性如何向更低的串联电阻变化。XPS 分析显示的氧峰的降低和硅信号的增强支持了去除残余氧化物可以改善触点 $I-V$ 特性的观点（见图 6.7b）。该效应伴随着浸润角从 5° 增加到 70°，表明从亲水表面（见图 5.8a）向疏水表面（见图 5.8b）过渡。

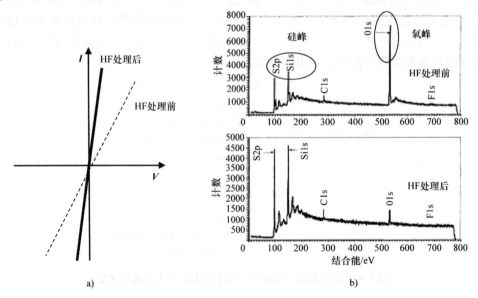

图 6.7 a）HF 处理前后的金属－硅接触的 $I-V$ 特性曲线；b）对应的 XPS 结果

类似于上述介绍的例子还有很多。这里要指出的是：①材料表征是任何半导体器件工程领域密不可分的一部分，以及②当综合使用不同半导体材料和工艺表征方法时，可以帮助解决半导体工程中遇到的与材料有关的任何挑战。

关键词

英文	中文名称	英文	中文名称
Atomic Force Microscopy（AFM）	原子力显微镜	particle counter	粒子计数器
Auger Electron Spectroscopy（AES）	俄歇电子能谱	process diagnostic	工艺诊断
Auger electron	俄歇电子	process monitoring	工艺监控
Cylindrical Mirror Analyzer（CMA）	柱面镜分析仪	profilometry	轮廓测量法
depth profiling	深度剖析	pyrometry	高温测量法
electron diffraction	电子衍射	Reflection High – Energy Electron Diffraction（RHEED）	反射高能电子衍射
electron energy analyzer	电子能量分析仪		
electron microscopy	电子显微学	Scanning Electron Microscopy（SEM）	扫描电子显微镜
ellipsometry	椭圆偏振	Scanning Tunneling Microscopy（STM）	扫描隧穿显微镜
end – point detection	终点检测	Secondary Ion Mass Spectroscopy（SIMS）	二次离子质谱
four – probe method	四探针法		
Fourier Transform Infrared Spectroscopy（FTIR）	傅里叶变换红外光谱	spectroscopic ellipsometry	光谱椭圆偏振
		SPV method	表面光电压法
High – Energy Electron Diffraction（HEED）	高能电子衍射	surface energy	表面能
		Surface Photovoltage（SPV）	表面光电压
hydrophilic surface	亲水表面	surface roughness	表面粗糙度
hydrophobic surface	疏水表面	Time – of – Flight SIMS（TOF – SIMS）	飞行时间二次离子质谱
infrared（IR）spectroscopy	红外光谱		
laser interferometry	激光干涉法	Total Reflection X – Ray Fluorescence（TXRF）	全反射 X 射线荧光
Low – Energy Electron Diffraction（LEED）	低能电子衍射		
		Transmission Electron Microscopy（TEM）	透射电子显微镜
mass spectrometer	质谱仪		
non – contact method	非接触法	wetting（contact）angle	浸润（接触）角
Optical Emission Spectroscopy（OES）	光学发射光谱	X – Ray Diffraction（XRD）	X 射线衍射
optical microscopy	光学显微镜	X – Ray Photoelectron Spectroscopy	X 射线光电子能谱

参 考 文 献

第 1 章　半导体特性

Aoki, H. and M.S. Dresselhaus (Editors), *Physics of Graphene*, Springer-Verlag, 2014.

Bonca, J. and S. Kruchinin (Editors), *Physical Properties of Nanosystems*, Springer-Verlag, 2010.

Ferry, D.K., *Semiconductors: Bonds and Bands*, Institute of Physics, 2013.

Fischetti, M.V. and W. G. Vandenberghe, *Advanced Physics of Electron Transport in Semiconductors and Nanostructures*, Springer-Verlag, 2016.

Grahn, H.T., *Introduction to Semiconductor Physics*, World Scientific, 1991.

Grundman, M., *Physics of Semiconductors*, Springer-Verlag, 2006.

Lundstrom, M., *Fundamentals of Carrier Transport* (2nd Edition), Cambridge University Press, 2000.

Neamen, D.A., *Semiconductor Physics and Devices* (4th Edition), McGraw-Hill, 2011.

Pierret, R.F., *Semiconductor Fundamentals* (2nd Edition), Pearson, 1988.

Ruzyllo, J., *Semiconductor Glossary*, World Scientific, 2016.

Singh, J., *Electronic and Optoelectronic Properties of Semiconductor Structures*, Cambridge University Press, 2007.

Wolfe, C.M., N. Holonyak, Jr., and G.E. Stillman, *Physical Properties of Semiconductors*, Prentice Hall, 1989.

第 2 章　半导体材料

Alcacer, L., *Electronic Structure of Organic Semiconductors: Polymers and Small Molecules*, Morgan and Claypool, 2018.

Baklanov, M., M. Green, and K. Maex (Editors), *Dielectric Films for Advanced Microelectronics*, J. Wiley and Sons, 2007

Berger, L.I., *Semiconductor Materials*, CRC Press, 1997.

Fornari, R., *Single Crystals of Electronic Materials: Growth and Properties*, Woodhead Publishing, 2018.

Irene, E.A., *Surfaces, Interfaces and Thin Films for Microelectronics*, J. Wiley and Sons, 2008.

Levinshtein, S., M. Rumyantsev, and M. Schur (Editors), *Handbook Series on Semiconductor Parameters*, World Scientific, 1999.

Liang, Y.C., G.S. Samudra, and C.-F. Huang, *Power Microelectronics, Device and Process Technologies* (2nd Edition), World Scientific, 2017.

Machlin, E.S., *Materials Science in Microelectronics I: The Relationships Between Thin Film Processing and Structure*, Elsevier Science, 2010.

Madelung, O., *Semiconductors: Data Handbook*, (3rd Edition), Springer-Verlag, 2004.

Rockett, A., *The Materials Science of Semiconductors*, Springer-Verlag, 2008.

Sabba, D., *Organic Semiconductors*, Alcer Press, 2017.

Wetzig, K. and C.M. Schneider (Editors), *Metal Based Thin Films for Electronic*, Wiley-VCH, 2003.

Wolf, M.F., *Silicon Semiconductor Data*, Pergamon Press, 1969.

Yacobi, B.G., *Semiconductor Materials: An Introduction to Basic Principles*, Springer-Verlag, 2008.

第3章　半导体器件及其使用

Baker, R.J., *CMOS Circuit Design, Layout and Simulation* (4th Edition), J. Wiley and Sons, 2019.

Bisquert, J., *The Physics of Solar Cells*, CRC Press, 2017.

Burghartz, J.N., (Editor), *State-of-the-Art Electron Devices*, J. Wiley and Sons, 2013.

Colinge, J.-P. and C.A. Colinge, *Physics of Semiconductor Devices*, Kluwer Academics, 2002.

Cooke, M.J., *Semiconductor Devices*, Prentice Hall, 1990.

Enderlein, R. and N.J. Horing, *Fundamentals of Semiconductor Physics and Devices*, World Scientific, 1997.

Grove, A.S., *Physics and Technology of Semiconductor Devices*, J. Wiley and Sons, 1967.

Liang, Y.C., G.S. Samudra, and C.F. Huang, *Power Microelectronics: Device and Process Technologies*, World Scientific, 2017.

Liu, C., *Foundations of MEMS* (2nd Edition), Pearson, 2011.

Pierret, R.F., *Semiconductor Device Fundamentals*, Addison-Wesley, 1996.

Ren, F. and S.J. Pearton (Editors), *Semiconductor Based Sensors*, World Scientific, 2017.

Streetman, B.G. and S. K. Banerjee, *Solid State Electronic Devices*, (6th Edition), Prentice Hall, 1998.

Sze, S.M. and K. K. Ng, *Physics of Semiconductor Devices*, J. Wiley and Sons, 2007.

Tang, T. and D. Saeedkia (Editors), *Advances in Imaging and Sensing*, CRC Press, 2016.

Wong, W.S. and A. Salleo, *Flexible Electronics: Materials and Applications*, Springer-Verlag, 2009.

第 4 章　工艺技术

Jousten, K., *Handbook of Vacuum Technology*, J. Wiley and Sons, 2016.

Kozicki, M., S.A. Hoenig, and P.J. Robinson, *Cleanrooms: Facilities and Practices*, Van Nostrand Reinhold, 1991.

Oliver, M.R. (Editor), *Chemical-Mechanical Planarization of Semiconductor Materials*, Springer-Verlag, 2004.

Pizzini, S., *Physical Chemistry of Semiconductor Materials and Processes*, J. Wiley and Sons, 2015.

Sesham, K. (Editor), *Handbook of Thin Film Deposition* (2nd Edition), William Andrew, 2012.

Shul, R.J. and S.J. Pearton (Editors), *Handbook of Advanced Plasma Processing Techniques*, Springer-Verlag, 2000.

Shön, H., *Handbook of Purified Gases*, Springer-Verlag, 2015.

Vossen, J.L. and W. Kern (Editors), *Thin Film Processes*, Academic Press, 2012.

Yoo, C.S., *Semiconductor Manufacturing Technology*, World Scientific, 2008.

第 5 章　制造工艺

Asahi, H. and Y. Horikoshi, *Molecular Beam Epitaxy: Materials and Applications for Electronics and Optoelectronics*, Wiley, 2019.

Baca, A.C., C.I.H. Ashby, *Fabrication of GaAs Devices*, IET, 2005.

Campbell, S.A., *Fabrication Engineering at the Micro- and Nanoscale*, Oxford University Press, 2012.

Choy, K.L., *Chemical Vapour Deposition (CVD): Advances, Technology and Applications*, CRC Press, 2019.

Doering, R. and Y. Nishi, (Editors), *Handbook on Semiconductor Manufacturing Technology*, (2nd Edition), CRC Press, 2008.

Geng, H., *Semiconductor Manufacturing Handbook*, (2nd Edition), McGraw-Hill, 2018.

Hattori, T., (Editor), *Ultraclean Surface Processing of Silicon Wafers*, Springer-Verlag, 1998.

Jeager, R.C., *Introduction to Microelectronic Fabrication*, (2nd Edition), Pearson, 2001.

Kääriäinen, T., D. Cameron, M.-L. Kääriäinen, and A. Sherman, *Atomic Layer Deposition*, (2nd Edition), Wiley-Scrivener, 2013.

Mack, C., *Fundamental Principles of Optical Lithography: The Science of Microfabrication*, J. Wiley and Sons, 2007.

May, G.S. and C. J. Spanos, *Semiconductor Manufacturing and Process Control*, J. Wiley and Sons, 2006.

Reinhardt, K.A. and W. Kern (Editors), *Handbook of Silicon Wafer Cleaning Technology*, (3rd Edition), William Andrew, 2018.

Plummer, J.D., M. Deal, and P. D. Griffin, *Silicon VLSI Technology: Fundamentals, Practice, and Modeling*, Prentice Hall, 2008.

Ruska, W.S., *Microelectronic Processing*, McGraw-Hill, 1987.

Van Zandt, P., *Microchip Fabrication: A Practical Guide to Semiconductor Processing*, (6th Edition), McGraw-Hill, 2014.

Xiao, H., *Introduction to Semiconductor Manufacturing Technology*, (2nd Edition) SPIE Press, 2001.

第6章 半导体材料与工艺表征

Haight, R., F.M. Ross, and J.B. Hannon (Editors), *Handbook of Instrumentation and Techniques for Semiconductor Nanostructure Characterization*, World Scientific, 2012.

Herman, I.P., *Optical Diagnostics for Thin Film Processing*, Academic Press, 1996.

McGuire, G.E. and Y.S. Strausser, *Characterization in Compound Semicon-ductor Processing*, Momentum Press, 2010.

McGuire, G.E., *Characterization of Semiconductor Materials: Principles and Methods*, William Andrew, 1990.

Moyne, J., E. del Castillo, and A.M. Hurwitz (Editors), *Run-to-Run Control in Semiconductor Manufacturing*, CRC Press, 2001.

O'Connor, D.J., B.A. Sexton, and R.St.C. Smart (Editors), *Surface Analysis Methods in Materials Science* (2nd Edition), Springer-Verlag, 2003.

Perkowitz, S., *Optical Characterization of Semiconductors*, Academic Press, 2012.

Runyan, W.R. and T.J. Shattner, *Semiconductor Measurements and Instru-mentation*, (2nd Edition), McGraw-Hill, 1998.

Schroeder, D.K., *Semiconductor Material and Device Characterization*, (3rd Edition), John Wiley and Sons, 2006.

Stalliga, P., *Electrical Characterization of Organic Electronic Materials and Devices*, J. Wiley and Sons, 2009.